더 자연스러운 자연해설

자연의 언어는 자연해설사를 통해 의미가 된다

더 자연스러운 자연해설

자연의 언어는 자연해설사를 통해 의미가 된다

초판인쇄 2020년 5월 25일
초판발행 2020년 5월 25일

지은이 최수경
펴낸이 채종준
펴낸곳 한국학술정보(주)
주소 경기도 파주시 회동길 230 (문발동 513-5)
전화 031) 908-3181(대표)
팩스 031) 908-3189
홈페이지 http://ebook.kstudy.com
전자우편 출판사업부 publish@kstudy.com
등록 제일산-115호(2000. 6. 19)

ISBN 978-89-268-9946-5 03480

자연의 언어는 자연해설사를 통해 의미가 된다

더 자연스러운 자연해설

최수경 지음

이담 Books

머리말

　자연을 예찬할 줄 아는 사람이 진정 자연을 존중하고 사랑할 수 있다. 자연을 예찬하게 하는 원천은 무엇일까? 자연에 대한 인문사회적인 지식과 자연 과학적 지식을 통합적으로 사고하는 것은 기본이요, 생태적으로 건강한 세계가 아름다운 것이라는 감상능력 그리고 풍부한 감수성이 아닐까? 시선마다 서로 다른 자연의 얼굴을 찾아내고, 표정에 감춰진 자연의 속삭임까지 놓치지 않는 사람들. 그 귀엣말을 듣고자 부단히도 자연을 찾는 사람들. 바로 자연해설 하는 사람들의 기본적 속성이다.

　저자는 해설사에 발을 들여놓은 이래, 강산이 두 번 바뀌는 동안, 해설하면서 자연스럽게 환경운동가가 되었고, 해설을 더 잘하고 싶어 환경교육자가 되었다. 그리고 여전히 현장에서 환경교육자이자 해설사로 일을 하고 있다. 환경교육자로 해설사로 살면서, 이 시대가 나에게 요구하는 소명은 무엇인가 생각한다. 그것은 당연히 지구가 아프고 이웃이 병든 먼 훗날, "어른들은 그때 뭘 했어요?"라는 아이들의 물음에 할 말이 있어야 한다는 것이다.

　환경교육에 있어서 제도권 밖의 사회환경교육은 중요한 축이다. 평생교육으로서의 사회환경교육은 환경문제를 해결함과 동시에 개인의 삶의 질을 디자인하는 실질적인 능력을 배양할 수 있기 때문이다. 삶의 질을 결정하는 것은 물질의 풍요가 아니라, 삶의 철학이 생명과 뭇 생명을 아우르는 사랑을 기반으로 하는 것이다. 사회환경교육의 자연해설사는 그 삶의 질 향상을 위한 정신적 풍요의 매개자를 자처한다. 지구의 생물학적 능력을 훨씬 넘는 소비가 이루어지고 있는 오늘날, 지역사회의 현실적인 환경문제에 문제해결 과정의 일부를 체험해야 한다. 특히 현장 중심의 체험을 통해, 우리가 알지 못했던 자연에 숨어있는 사실들과 인간과의 관계를 알게 하고, 환경 시민으로서 실천하도록 하는 데 자연해설사의 역할이 있다. 자연해설이 해설사의 길인가, 환경교육가의 길인가를 물을 때, 자연해설은 응당 환경교육가의 길이라고 단언을 하는 이유이다. 그리고 자연해설을 할 때, 환경교육적 사고가 배색되어, 오솔길을 안내하기보다는 더 큰길의 패스파인더가 되기를 바라며 이 책을 쓰게 되었다.

이 책의 구성은 크게 해설사에 발을 들여놓기, 해설사 되기, 해설자원 찾기로 구분하였다. 해설사 양성과정부터 방문자를 대상으로 직접 해설프로그램을 기획하고 해설을 하기까지 자연해설사에게 필요한 해설의 이론과 사례가 담겨있다. 이론은 저자가 다수의 자연해설사 양성과정에서 강의하는 내용의 서술이고, 사례는 저자의 직접적인 경험에서 지식의 깊이를 더해가는 과정을 중심으로 담았다. 저자 나름의 방식으로 자연을 바라보는 미학적 시선과 자연에 내재한 의미를 읽어내는 언어 그리고 자연에 인간을 반추하는 성찰이 담겨있다.

　그 때문에 이 책은 자연해설사가 되고자 하는 사람, 현재 해설 활동을 하는 해설사 외에도, 자녀를 자연 친화적으로 키우고자 하는 학부모와 교사, 자연을 바라보는 시각을 넓히고자 하는 사람들에게도 유용할 수 있다.

　어릴 때 키워진 생태적 감수성은 이후 인격 형성과 창의력의 모태가 된다고 했다. 솔씨 하나가 건강한 고목이 되어, 세대를 뛰어넘어 사람들에게 사랑을 받는 대들보가 되듯, 자연의 숨결과 사람의 숨결을 품은 해설사의 한 마디가 수많은 솔씨들을 뿌려 생명 깃든 모두의 삶의 질에 자양이 되길 기대한다.

　　　　　　　　　　　2020년 초 코로나19 극복을 위해 거리 두기를 하던 날에
　　　　　　　　　　　　　　　　　　　　　　　　　　　　최수경

PART 1

자연해설의 첫걸음

자연해설사에 발 들여놓기

내 고향 물길에 대한 향수

시골에서 내리 여섯 시간 버스로 달려 전학 온 첫날, 차멀미가 가시지 않은 채 엄마 손에 이 끌려 간 곳은 대전천 복개도로에 세워진 홍명상가 시식코너였다. 다양한 음식이 한군데 모여 있 는 것도 놀라웠지만, 2백 원짜리 자장면의 꿀맛은 내 어릴 적, 대전천에 관한 첫 번째 기억이다.

당시 대전천을 따라 털가죽이 홀랑 벗겨진 토끼 가죽이 매달려 있고, 수수깡으로 엮은 닭장에 서 닭과 오리와 강아지들이 새 주인을 기다리는 행상이 늘어서 있었다. 대전 최초의 백화점 홍 명상가와 중앙데파트는 대전천을 복개한 건물이었는데, 온갖 쓰레기와 잡풀들을 교각에 걸친 채 오수에 발을 담그고 있었다. 반면, 시내버스를 타고 지나던 갑천 만년교 주변은 금모래 밭에 서 미역 감고 노는 풍경이 대전천과는 사뭇 다른 풍경이었다.

하얀 칼라를 달 때 즈음, 나는 학교와 먼 곳으로 이사 갔다. 버스를 두 번 갈아타며 통학하던 시절, 대전천으로 흘러드는 마을 지천들은 끊임없이 복개되고 있었다. 임시도로의 버스 통학 길 은 가뜩이나 더디고 짜증스러웠다. 버스 지붕을 쓰다듬던 가로수 멋들어진 능수버들은 밑동부 터 잘리어 사라져갔다.

그 당시에 한밭은 더욱 큰 도시로 변모하느라, 주변의 산과 들은 많이 뭉그러졌다. 한 뼘이라 도 궁둥이 붙일 터전을 확보하고, 편하고 빨리 가기 위해 모세혈관 같은 도랑과 지천은 콘크리 트 지붕에 덮여 암흑 속으로 사라졌다. 회색으로 빠르게 변하는 땅에서 우리는 숨 쉴 틈과 여유

그림 1 하천을 복개한 대전천의 과거모습(대전 목척교 위의 건물은 2009년 9월에 철거됨)

를 잃어버렸다.

  내가 사는 곳의 지형과 지물에 대한 과거를 돌이켜보게 된 것은, 생태해설사 양성과정을 하는 동안 일어난 변화였다. 내가 사는 곳의 물줄기에 대해 새롭게 인식을 했기 때문이었다. 미래로 가는 길은 과거를 반추하는 것부터 시작이 아닌가. 다행히 시골에서 전학 온 이후 보았던 대전천의 기억부터, 도시개발 과정의 어수선함을 보았던 청소년기까지의 기억은 너무도 또렷했다. 정들었던 정경이 무너지는 서글픔이 매우 컸었나 보다.

  나는 양성과정의 강의마다 새로운 지식의 지층이 쌓이고 있음에 신이 났다. 그리고 새로운 눈으로 세상을 바라보기 시작했다. 기본에 충실한 하천은 이수와 치수의 기능 외에도 도시 온도를 조절하고, 빌딩 숲 도시의 바람길이 되어야 한다. 생물의 서식공간 기능이자, 수려한 수변경관과 정서를 함양하는 환경적 기능도 있다.

  그러나 최근 대도시의 하천은 생태계의 서식공간보다, 시민들의 위락 공간으로 지위가 더 커졌다. 대전의 대표적 하천 갑천은 도심 중앙을 비켜 흐르다 보니, 비교적 원시의 생태환경이 남아있었다. 근래에 신도심으로 중심축이 바뀌면서, 갑천은 인공하천의 전형을 보여주었다. 도심

그림 2 대전의 3대 하천에 서식하는 수달(대전 중구 뿌리 공원)

의 모든 하천은 초록의 잔디 둔치와 풀 한 포기도 자라기 힘들게 만든 콘크리트 호안, 붉은 우레탄 자전거도로와 산책로가 조성되었다. 수량이 풍부한 하천을 만들고자 인공 펌핑으로 유지 용수를 확보하거나, 수려한 호수 경관을 위해 대형 가동보로 물을 가두었다. 생태계의 단절과 수질이 전제되지 못한 수량 확보 중심의 도심 하천정책이 지속되고 있다.

대전천 상류 산내지역은 우리나라 민물고기 역사의 기초를 다져놓은 최기철 박사님이 어린 시절에 물고기를 벗하며 학자의 꿈을 키운 곳이다. 대전천의 지향점은 어린이들이 최기철 박사 님과 같은 꿈을 키우는 하천이 되어야 한다. 유등천 상류 뿌리 공원은 물 환경 먹이사슬의 조절 자 역할을 하는 천연기념물 제330호 수달이 서식한다. 갑천 자연하천 구간은 미호천에서 멸종 된 천연기념물 제454호 미호종개가 서식하고 있다. 겨울이면 하얗고 육중한 몸의 천연기념물 제201호 고니가 온 가족을 이끌고 매년 전민동 탑립돌보에 날아온다. 살아있는 보물들이 도시 와 공존을 택한 것이다. 그들의 동거는 하천이 순기능을 하고 있음을 상기시키는 것이다. 지속 해서 이들의 서식처로서 하천이 기능하도록 시민은 노력해야 한다. 이것이 그들의 선택에 대한 인간의 화답이자, 지속 가능한 삶을 향한 한 걸음이다.

모집 공고, 운명적인 만남

2004년 우연히 티브이를 보던 중, 살림만 하던 주부에게 사회의 첫맛을 보게 한, 아주 특별한 공지가 눈에 들어왔다. 당시 나는 아이 손을 잡고 지역의 환경 NGO를 열심히 따라다니며 자연체험의 중요성을 깨닫고 있던 참이었다. 아이도 좋아했지만, 나 역시 내 유년의 시골 정서를 되새기게 하는 자연이 참 좋았다. 그러던 차에 접한 생태해설사 양성과정이 무엇을 배우고, 이후 무슨 일을 할 것인지에 대해 무지한 상태였지만, 무작정 신청을 하게 되었다. 자연에 대한 호기심을 채울 수 있으리라는 막연한 기대와 함께. 며칠 후, 합격 통보와 함께 나는 석 달여에 걸친 생태해설사가 되기 위한 여정에 발을 들여놓게 되었다.

당시만 해도 자연생태환경 분야의 해설사가 제도화되지 않아, 자격 이수를 하려면 지금처럼 고비용이 아니어도 되었다. 대부분 수강료가 무료거나 강좌당 1만 원 수준이었다. 지역의 기관이나 NGO 단체에서 시민과 회원들에게 봉사할 수 있는 인력을 기르는 차원의 교육이었다. 다양한 분야의 양성과정이 많이 개설되어, 시민들은 평생교육 차원에서 비용 부담 없이 자유롭게 수강할 수 있었다. 한편으로는 교육이 서비스화되다 보니, 많은 강좌가 모집 정원을 끌어내는 데도 어려움이 있었다. 또한, 주관 단체에서 제안한 양성과정 이후 최소한의 봉사 활동의 의무도 행하지 않는 부정적 양상도 있었다. 지금은 정부 부처별 해설사제도가 정착되어, 노후의 일자리로서 주목을 받고 있고, 그에 따르는 고가의 수강료를 부담하는 것이 일반화된 것과는 차이가 있던 시절이었다.

나 역시 직업보다는 평생교육 차원에서 접근했다. 아이를 둔 주부 관점에서 내 아이를 좀 더 자연 친화적인 아이로 키우고 싶었다. 갑천 생태문화해설사 양성과정, 이 가운데 해설사라는 용어보다는 생태문화에 방점이 찍혀 선택했다고나 할까. 양성과정이 끝나갈 때 즈음, 생태문화보다는 해설사라는 교육 목적에 다가가고 있었다.

한밭 벌은 산이 도시를 둘러싸고 있고, 벌판을 가로질러 하천이 잘 발달한 곳이다. 따라서 생태해설사 양성과정은 주로 하천이 양성과정의 주된 내용이었다. 갑천은 도심을 관통하며 선사시대부터 근현대사까지 사람과 생명을 키워냈기에, 갑천 해설은 곧 대전의 자연환경 해설이었다.

총 20여 과목에 걸친 강사진들은 전문가와 NGO 활동가들이었고, 실내외 강의가 병행되었다. 특히 생물 강의는 오전에 실내에서 이론을, 오후에 야외에서 현장학습을 했다. 한 주에 이틀

씩 석 달여에 걸쳐 기본과정이 있었고, 이후 별도의 심화 과정이 이어졌다. 나는 거의 새로 접하는 분야라서, 강의마다 쌓이는 정보의 홍수 속에 어려움을 겪었다. 강사님들은 전문가답게 깊고 넓은 지식의 바다를 마음껏 보여주었다. 자연에 관심이 컸던 나는 빠지지 않고 들었고, 그날그날 복습하며 나름대로 속도감 있게 진행되는 학습량을 소화하려고 노력했다. 함께한 동료들과의 분위기도 매우 좋아 각자 강의 소감과 자습내용을 홈페이지 학습방에 공유하며 댓글로 서로 격려하였다.

표 1 생태문화해설사 양성과정(대전충남녹색연합)

회 차	강의 내용
1	환경운동의 이해
2	환경교육의 이해
3	습지(하천)의 이해
4	대전의 하천
5	갑천의 역사와 문화
6	식물의 이해
7	수서곤충의 이해
8	어류의 이해
9	조류의 이해
10	곤충의 이해
11	양서·파충류의 이해
12	야생동물의 이해
13	야외활동 응급처치 요령
14	생태문화해설사의 역할
15	자연 체험교육의 이론과 실제
16	교재 제작을 위한 사진 촬영
17	하천 자연도 평가

새는 나니까 새라고?

매회 차 강의가 이어질수록 각각의 생물에 대하여 새롭게 눈을 뜨고 있었다. 강의마다 서로 다른 내용이었지만, 서로 유기적으로 연결되고 있었다. 생명은 존재 그 자체로서 의미가 있다. 그 의미를 부여하는 첫 번째가 바로 이름을 불러주는 것이었다. 이름은 생긴 모습에서 연원을

더 자연스러운 자연해설: 자연의 언어는 자연해설사를 통해 의미가 된다

찾거나, 그 생물의 생활사나 서식처와 관련되기도 했다. 또는 인간과의 관계 속에서 형성된 이름, 즉 인간이 그 생물에 눈뜸으로 인해 부여된 이름들이었다.

　강의를 듣고 온 저녁때 나는 오늘 새롭게 알게 된 흥미로운 부분을 아이와 이야기하곤 했다. 조류를 듣고 온 날은 새에 대해, 어류를 듣고 온 날은 물고기에 대해, 그렇게 지속하면서 아이도 질문이 늘어났다. "엄마 오늘은 해설 팀에서 뭐하고 왔어?" "새에 관해서 공부했지." 그러나 지금 당장 데리고 나가 보여주지도 못하면서 흰뺨검둥오리, 쇠오리, 왜가리가 어떻고를 이야기하기가 참 어려웠다. 오늘 낮에, 스코프를 통해 본 왜가리의 눈동자를 나는 잊을 수가 없다. 부리에 걸쳐져 햇빛을 튕겨내는 은빛 먹잇감, 목덜미의 본능적 꿀걱임, 머리부터 발끝까지 요염하고 우아한 곡선미, 이제 나에게 그냥 새가 아닌 생명이었다.

　"지구상에 새 가운데 1/3이 계절마다 이동해. 우리나라에 오는 겨울 철새는 북쪽에서 번식하고 남쪽에서 월동하지. 심지어는 남극에서부터 북극의 아일랜드로 이동하는 새도 있고, 태평양을 가로질러 커다란 8자 모양으로 동서로 이동하는 새도 있어. 새는 생존과 번식을 위해서 위험을 무릅쓰고 이동하는 거야. 제비는 날아다니며 곤충을 잡아먹어. 그런데 겨울에는 먹이가 거의 없으니까, 따뜻한 남쪽 나라에서 월동하지. 봄부터 여름까지는 번식기라서 먹을거리가 많이 필요해. 하지만, 그곳은 다른 새들과의 먹이 경쟁이 워낙 치열해서 북쪽인 우리나라로 올라와. 노랫말처럼 강남 갔던 제비가 돌아오는 거지."

　"새는 이렇게 먼 길을 오는데 새들에게 나쁜 날씨는 불청객이야. 여행 중에 폭풍이나 안개, 강풍을 만나면 방향을 상실해. 밤사이에 먼 거리로 날려가서 해가 뜬 후 인식을 하더라도, 육지까지 도달하기엔 너무 늦어 못 오는 예도 있어. 짙은 안개는 햇빛의 방향을 빗나가게 해서 불이 켜져 있는 높은 빌딩이나 공군기지 바닥에 충돌하기도 하지. 눈보라나 태풍 같은 자연재해로 인해 알지 못하는 해안가에 떨어지거나 바다에서 빈사 상태로 전멸하기도 해. 이동하는 계절은 대게 태풍이 있는 계절이기 때문에, 한 개의 태풍을 만나면 몇백만 마리의 새들이 한꺼번에 생명을 잃을 수도 있지. 가창오리의 경우, 개체수가 많은데도 불구하고 멸종위기종이 된 이유는 몇 십만 마리라도 군락으로 이동하기 때문에 전염병이나 사고에 한꺼번에 몰살되면 희귀종이 될 수 있기 때문이지. 사람과 다르게 새의 뇌는 체내 시계가 있단다. 낮에는 태양의 위치를 기준으로, 밤에는 별자리의 위치를 기준으로 방위 삼아서 지자기나 풍향 등을 이용한 종합적인 판단하에 일정한 방향으로 날아가. 매년 제 둥지로 찾아오는 새의 경우는, 어느 정도 지형을 기

그림 3 우체국 상호 아래 둥지를 튼 제비 가족(충북 옥천 안남)

억하지."

"제비처럼?" "그렇지."

"새는 시력이 매우 좋아. 독수리는 1,500미터 높이에서 사체를 찾고, 매는 쥐를 찾아 상공을 순찰하잖아. 솔새는 나뭇잎 뒤에 붙은 곤충의 알을 찾아낸다고 해. 아비는 물속의 먹이를 쫓아 가지. 새매는 인간보다 8배나 예민하고 뛰어난 시력을 가졌어. 그 새는 뇌보다 안구가 더 클 정도야. 많은 새가 한쪽 눈으로는 지렁이를 찾으면서도, 한쪽 눈으로는 습격을 피하려고 정찰을 하지."

"돋보기와 망원경을 동시에 가진 거네?"

"새들은 이동할 때 외에는 에너지를 보충할 수 없어서, 이동이 끝나면 체중이 반으로 줄어드는 새도 있어. 피하지방이 바로 에너지원이지. 가만히 물가에 앉아 있다가 공중으로 날아오를 때, 새들은 엄청난 에너지를 소비한단다. 사람들은 새들이 날아가는 걸 보고 싶다고, 워~~~이 워~~~이 하고 일부러 큰 소리를 지르지. 사람들은 그 모습에 환호하지만, 새들은 놀라서 날아가는 거야. 그 순간 엄청난 에너지를 소모하지.

인간이 지구상에서 살아가려면, 자연과 공존해야 해. 엄마와 너는 잠시 이 땅에 태어나서 죽

더 자연스러운 자연해설: 자연의 언어는 자연해설사를 통해 의미가 된다

그림 4 조류의 이해 강의 야외탐조(대전 탑립돌보)

을 때까지 우리가 있는 자리를 빌리는 것뿐이야. 생물이든 무생물이든, 함께 더불어 살아야 하지. 그러려면, 그들의 생활이나 그들의 습성을 인간이 이해하고 이 땅에서 함께 살아갈 수 있도록 도와야 하지. 인간만을 위한, 인간의 편리와 눈요기를 위해 존재하는 나무와 풀, 새와 동물들이 절대 아니라는 사실을 꼭 기억해야 해."

물고기로 접한 생명의 신비

어류 강의시간, 한낱 물고기 한 마리에서 나는 처음으로 생명의 신비와 존엄에 대해 생각했다. 인류의 역사는 고고한 지구역사의 한 자락 안에서 참으로 의미 있는 존재다. 더불어 나 자신 내면에서 생물 보호와 자연 보호에의 의지가 환경운동가처럼 강하게 올라오기 시작했다.

지혜를 가진 네안데르탈인이 지구상에 출현한 10만 년 전부터, 공룡은 이미 2억 년 전에 나타나 1억 5천만 년이나 지구를 터전으로 살다 갔다. 지구상에 많지 않게 흔적으로 남아있는 영겁의 세월을 산 공룡에 비한다면, 인간의 존재는 너무도 미미하다. 인간이 멸종된다면, 아마 흔적도 없을 것이다.

인간 종 60억 개체 수를 지탱할 만한 지구의 한도는 이미 넘어선 지 오래건만, 인간은 지구의 주인이라는 오만함 속에 살고 있다. 문명과 과학기술의 발달에 따른 반작용으로 환경오염은 가중되어 이제 새로운 행성을 찾기 위해 우주로 눈을 돌리고 있다. 그러나 불가사의하게도 자연은 우점종을 제한시키는 자연 치유력을 서서히 발동한다. 근래에 만연한 불치의 병이나 근원을 알 수 없는 코로나와 같은 바이러스가 인간을 위협하고 있다. 종의 범람을 차단하는 자연의 응징 조치가 시작된 것은 아닐까?

지구가 처음 만들어져 화산에서 뿜어져 나온 가스가 대기를 이루며 지구를 보호해주었다. 태양으로 인하여 기후가 따뜻해져 비가 오기 시작하면서 강과 바다가 처음 생겨났다. 물속에서 박테리아나 해초류 등 최초의 생물이 생겨났으며, 이것들이 바다를 떠나 육지로 퍼지면서 지구는 녹색으로 아름답게 변화하게 되었다. 아가미로만 호흡하는 어류에서 어릴 땐 아가미와 지느러미를 사용하다가 성장하면 폐와 다리로 이동하는 양서류가 생겨났다. 양서류에서 파충류, 그리고 공룡과 조류, 포유류들이 생겨났다. 따라서 어류는 지구에 가장 먼저 나타나 지금까지 존속하고 있는 인간의 먼 조상이라고 볼 수 있다. 실제 임신 3개월 때의 배아 모양과 물고기의 수정 후 하루 된 것과의 모양은 매우 비슷하다는 점이 이것을 증명한다.

지구의 70%인 바닷물보다 3%인 육지의 물(내와 강, 지하수, 호수와 못)에 전체 어류의 60%의 민물고기가 살고 있다. 그만큼 다양한 환경이 다양한 종류의 물고기를 발전시켜왔다고 볼 수 있다. 현재도 그 분류가 과정에 있으므로 신종 발견이 계속 보고되고 있다.

캘리포니아 연안은 동식물이 조화로운 상호작용을 통해서 인간과 어울려 지낼 수 있음을 보여주는 곳이다. 해초 더미를 중심으로 여러 종류의 물고기, 무척추동물, 박테리아, 바닷말, 원생동물, 포유류까지 모두 한데 어울려 사는 천혜의 환경이다. 그러나 가로막는 댐이 폭포나 급류를 거슬러 회귀하는 연어에게 포기를 권유하고, 하구둑은 강으로 올라가려는 뱀장어 치어들을 방해해 그물에 걸려 양식장으로 향한다. 물고기의 씨를 말리는 어부들의 남획으로 더 이상 바다는 양식을 공급하는 데 어려워지고 있다. 수질오염으로 양식장은 폐사하고 있고, 무분별한 소비는 태평양 한가운데에 쓰레기 섬을 만들었다. 집안에서부터 환경을 생각하는 생활이 우리의 하천과 대기와 토양을 건강하게 하는 실천임은 자명하다.

어릴 때 시냇가에서 잡았던 송사리와 논둑에서 본 미꾸라지, 둠벙의 방개, 아빠가 저수지에서 잡아 온 붕어와 잉어가 내가 알고 있던 민물 생물 전부였다. 그러나 어류의 현장수업에서 하

그림 5 어류의 이해 강의(대전 갑천 상류)

천의 수많은 물고기가 다 모양이 다름을 알게 되었다. 더욱이 그 모양은 이들이 서식하는 환경에 따라 적응하도록 변화하였다는 것을 안 것만으로도 내게는 큰 수확이다. 직접 물에 들어가 물고기를 채집하면서 손끝에 전해오던 파드닥거리는 물고기의 떨림은 영원히 잊히지 않을 짜릿한 경험이었다.

첫 번째 선생님 '도감'

내가 도감을 처음 알게 된 것은 2천 년도 초반 해설사에 입문하면서이다. 식물·조류·어류·곤충·양서류·야생동물 등 양성과정의 정규과정을 마친 후, 심화 교육으로 현장 답사가 시작되면서 우리는 수많은 도감을 장만해야 했다. 식물의 경우, 지금이야 모야모[1]에 물어보기만 하면, 1분도 안 되어 속 시원한 답이 연달아 올라오지만, 인터넷이 발달하지도, 스마트폰이 보급되지도 않았던 때에는 도감으로 궁금증을 일일이 해결해갔다. 도감의 특성상 두껍다 보니

---

1) 모야모 : 꽃 이름, 식물 이름을 쉽게 찾도록 도와주는 안드로이드 기반의 앱

배낭에서 차지하는 무게가 대단했다. 현장 답사를 할 때에는 계절과 장소에 따라 배낭 속에 도감 두세 개씩은 넣고 다녀야 했다. 양성과정을 마친 일행이 꾀를 낸 것은 각자 서로 다른 도감을 배정해 배낭의 무게를 줄이는 것이었다. 그 가운데 야생화 도감은 우리가 가장 첫 번째로 구입한 도감이자, 선생님들이 공통으로 지니고 다닌 도감이었다. 대부분 여성이라 공통의 관심 영역은 식물 분야였다. 선생님들 가운데에는 평소 베란다에서 식물을 기르는 분, 사진 촬영에 관심이 많거나, 어릴 적 시골에서 자라 야생화를 잘 아는 분들이 다수 있었다. 그 때문에 야생화 앞에서는 도감에 의지하지 않아도, 꽃 이름을 알려주는 분들이 계시어 야생화 학습에 속도가 났다. 냉이는 냉잇국의 재료로만 알았는데, 다닥냉이, 말냉이, 황새냉이, 좁쌀냉이, 싸리냉이, 미나리냉이 등 종류가 다양했다. 몇 년을 두고 도감을 참고했지만, 현장에서 그 꽃 앞에 서면 머릿속에서 맴맴 돌 뿐, 이름이 통 기억나질 않았다. 3년 이상을 반복했을 때야 비로소 도감을 펼치기 전에 머릿속에 희미하게 가늠되었고, 손대중으로 도감의 쪽을 열었을 때 한두 쪽만 넘기면 그 식물을 확인할 수 있었다. 4~5년이 지난 후부터는 누가 먼저 식물의 이름을 말하느냐 속도만 다를 뿐이었다. 수년에 걸쳐 함께한 선생님들은 식물, 어류, 조류, 양서류, 야생동물 등 전반에 걸쳐 사계절 열심히 숲과 들판, 하천을 누빈 경험치가 쌓이고 있었다.

스마트폰이 나온 후, '모야모'가 도감을 대신하는 편리함이 있는지 모르지만, 반면에 뒤돌아서면 이름을 금세 까먹는 특징이 있다. 마치 운전할 때, 내비게이션 없이 갔던 길을 가라면 못 가는 것과 같은 이치일까? 내비게이션이 없던 시절에는 지도를 보거나, 주변을 살피면서 운전했기에 온 길을 잘 기억할 수 있었다.

해설사는 참가자에게 새로운 것을 알려줘야 하고, 그래서 해설사는 많이 알아야 한다고 믿고 있었다. 안다는 것은 무엇인가? 안다는 것은 대상의 본질을 이해하는 것이다. 본질이란 그것이 그것이게 하는 고유한 성질을 말한다. 따라서 대상의 본질을 이해하기 위해서는 그것의 생김새와 그것의 속성을 이해하는 것이 선재 돼야 한다. 도감에 의지하여 현장에서 본 것을 습득해나가는 것이 당시 내가 할 수 있는 최선의 공부 방법이었다. 그래서 이름을 아는 것이 그때는 그렇게 중요했는지 모른다.

나만의 계절 시계가 생기다

여름 분꽃 시계   -유등자-

폭염과 가뭄 속에서도
분꽃 너는 아름다운 여름 시계꽃
푸르다 목은 쉬어
꼭 다문 꽃봉오리 입술 질 무렵
네가 꽃 입술을 열면
아낙들은 독에 든 보리쌀 푸러 간다

분꽃이 폈다
이 집 저 집 부산한 저녁 준비들
아낙들은 보리쌀 옹기 머리에 이고
저 건너 우물가 둘러앉아
수다를 떤다.

보리쌀 닦는 소리 싹싹 덜그럭 싹싹
하늘은 푸르러 더 넓고
집집마다 굴뚝에서 모락모락 연기
하얀 연기는 구름 속으로 스민다.

부글부글 끓어 오르는
가마솥 구수한 보리밥 냄새
일 나간 일꾼들 고봉 밥그릇에
불끈불끈 힘이 절로 나네.

분꽃 시계
가을과 함께 여물어 간다.

친정엄마는 어릴 적을 회상하는 시에서 분꽃을 밥하러 가는 꽃이라 묘사하셨다. 실컷 놀다가 해가 질 때면, 분꽃은 봉우리를 일제히 열었다. 그러면 여자애들은 저녁밥 안치러 집으로 돌아갔다고 했다. 해가 져도 부모가 논밭에 있다 보니, 밥할 줄 아는 나이가 되었을 때쯤, 친정엄마에게 분꽃은 생활 시계인 셈이다.

양성과정 후 심화 과정에서 현장 강의는 재미있었지만, 내용이 낯설어 머릿속에 오래 머물지는 않았다. 그냥 맛보기 정도라고 할까. 오히려 오늘 들에서 먹는 도시락 반찬은 뭐로 쌀까? 간식 타임은 언제일까? 그저 밖에 나가는 것이 좋고, 함께하는 동료들이 좋았다. 이때쯤 나는 해설사로서 제2의 예명인 '수달'이란 이름을 갖기 시작했는데, 각자 좋아하거나 의미를 부여한 생물의 이름을 정해 이름 대신 부르기 시작했다. 예명은 이름보다 친근한 이미지를 주고, 쉽게 잊히지 않는 장점이 있었다.

여름의 끝, 가을이 시작되는 때에 야외답사가 시작되었다. 나는 9월 초에 풀밭을 지나갈 때면 으레 생각나는 식물이 조개주름풀이다. 귀가 후 바지 아랫단을 살펴보면 늘 끈끈한 것이 묻어 있었다. 내 바지뿐 아니라 선생님들의 바지까지 그렇게 만든 범인을 찾는 일은 오래가지 않았다. 풀에서 그런 끈끈한 점액이 나온다는 것도 처음 알았고, 조개주름풀이라는 이름도 희한했다. 더욱이 식물이 씨앗을 퍼뜨리는 다양한 전략으로 점액 속에 열매가 들어있어서, 이동하는 동물의 털이나 사람의 옷에 잘 붙도록 하기 위함인 것을 알게 되었다. 이후로 나는 응달의 숲에 난 소로를 걸을 때는 조개주름풀을 피해 다녔다. 조개주름풀을 의식하는 순간, 해설사의 처음 적이 생각나 아련한 추억에 젖곤 한다.

그림 6 달개비(닭의장풀)

또 같은 시기 8월 말에서 9월 초에 풀숲에서 수줍은 듯 옆모습으로 고개를 숙이고 있는 보라색 꽃에 눈이 간다. 자세를 낮춰 자세히 보니, 아침이슬을 머금고 있었는데, 동화에서 접한 닭의장풀이라는 이름을 가진 달개비였다. 꽃잎이 닭의 볏을 닮았다고 해서 붙여진 이름이라는데, 푸른 청색의 두 개의 꽃잎과 대비되는 작고 하얀 꽃잎이 접시처럼 길게 내리뻗어 곡선의 암술을 받히고 있는 듯하다. 크기만 작을 뿐이지 난처럼 우아하고 학처럼 고고한 자

더 자연스러운 자연해설: 자연의 언어는 자연해설사를 통해 의미가 된다

태가 그렇게 아름다울 수가 없었다. 흔하디흔한 풀을 자세히 들여다보니 저마다 각양의 자태로 우리의 산야에 함께해 어찌나 사랑스러웠던지. 지금도 늦여름 알싸한 아침 공기가 느껴질 때면, 나도 모르게 풀숲에서 달개비를 찾고 있다. 그리고 달개비를 발견하면 '아~ 가을이 오는구나.' 하며 계절을 인식한다. 나에게 달개비는 계절 시계인 셈이다.

항상 그 계절이 왔고 그때가 왔음을 알려주는 어떤 것이 해설사들에게는 있으리라 본다. 어려서부터 자연을 수없이 경험했을지라도, 해설사라는 이름으로 또는 해설사가 되기 위해 자연을 알려고 나간 첫걸음에 본 어떤 것, 그리고 그것에 부여한 의미. 자연에서 나만의 계절 시계가 많다는 것은 그만큼 자연에서 마음 사진을 많이 찍었다는 증표가 아닐까? 늦여름에 만난 조개주름풀, 달개비처럼, 사계절마다 계절 시계를 가져보자.

자연체험이 곧 환경교육이야

자연체험 교육의 이론과 실제 강의에서, 나는 내 뇌리를 해머가 통~~! 치는 듯한 경험을 했다. 바로 공주대학교 환경교육과 이재영 교수님이 강의 중 들려준 정태춘이 노래하는 "고향 집 가세"가 그것이었다.

내 고향 집 뒤뜰에 해바라기 울타리에 기대어 자고
담 너머 논둑길로 황소 마차 덜컹거리며 지나가고
음 무너진 장독대 틈 사이로 난쟁이 채송화 피우려
푸석한 슬레이트 지붕 위로 햇살이 비쳐오겠지

에혜, 에야 아침이 올 거야 에혜, 에야 내 고향 집 가세

내 고향 집 담 그늘에 호랭이꽃 기세등등하게 피어나고
따가운 햇살에 개흙 마당 먼지만 폴폴 나고
툇마루 아래 개도 잠이 들고 뚝딱거리는 괘종시계만
천천히 천천히 돌아갈 거야 텅 빈 집도 아득하게

내 고향 집 장독대에 큰 항아리 거기 술 해 담던 들국화
흙담에 매달린 햇말볏적 어느 자식을 주려고
음 실한 놈들은 다 싸 보내고 무지렁이만 겨우 남아도
쓰러지는 울타리 대롱대롱 매달린 저 수세미나 잘 익으면(이하 노랫말 생략)

이 노래는 이재영 교수가 생태적 감수성을 설명하기 위해 꺼내든 노랫말인데, 감수성이란 것이 환경교육에서 책임 있는 환경 행동을 끌어내는 중요한 변수임을 설명하고 있다.

자연체험 교육의 장소는 특별한 곳에 있는 것이 아닌, 먼저 내 주변의 자연환경이나 시설물들을 학습의 장으로 한다. 이 장소에서 흥미를 유발할 수 있도록 오감을 활용하여 직접 체험할 기회를 얻게 한다. 이 체험의 과정은 지식을 쌓는 것이 목표가 아니라, 감수성과 상상력을 키우는 것이 목표가 되어야 한다. 환경 감수성은 자연체험을 통해 가장 영향을 받으며 그러한 경험을 통해 키워질 수 있다. 환경 감수성이 풍부하면 자연을 대하는 심미적인 관점과 이해가 깊어질 수 있다.

이 강의를 계기로 하여, 나는 이재영 교수의 사회환경교육 강의를 찾아 들었고, 들을수록 깊게 빠졌다. 그가 준 영감은 내가 하는 일에 계속 시너지를 주었고, 그럴수록 앎에의 긴장과 욕구는 커져만 갔다.

그가 쓴 글에는 이런 글이 있다. "쓰레기를 줍더라도 환경교육이라고 말하려면 최소한 그 과정에서 학생들이 얻게 될 경험의 질에 대해 생각해야 한다."

"경험의 질". 나는 그래서 그 강의로 인해 다시 태어났고, 생각하지 못한 사이 최소한 "질의 결"에 영향을 줄 사람이 되기로 작정을 하게 되었다.

양성과정, 훈련된 눈으로 바라본 산야

그림 7 노랫말에서 호랑이꽃이라 이른 호랑나리꽃

가을이 지나 두꺼운 옷을 걸칠 때 즈음, 양성과정은 끝이 났고, 심화 과정이 이어졌다. 함께한 동료 선생님들과 멤버십이 생겼고, 역할을 나누어 작지만 탄탄한 조직이 만들어지고 있었다. 짧은 기간이나마 아는 만큼 보이는 눈으로 현장학습을 하면서, 지금까지와는 다른 시각으로 대상을 보게 되었다.

도심으로 흘러드는 갑천 상류에 왔다. 농군의 땀이 충실하게 배여 알차게 들어앉은 낟알, 먼 첫서리까지 더 오래 견디며 늙어가야만 하는 황금 호박, 저무는 여름 해가 주는 여분의 빛으로도 감사하며 마을 길을 덮은 태양초, 계절은 이미 산야를 점령하고, 도시로 흐르는 젖줄에 실려 도심 속으로 유유히 흘러가고 있었다.

인류 문명의 근원이 강이었듯이 도시의 태생과 성장의 근원이 강이거늘, 어제까지 우리의 하천은 미역 감던 돌아오지 못할 추억으로, 오수와 우수가 지나가는 수로일 뿐이었다. 그나마도 조금 눈을 떠, 도심의 숨통 틔워주는 시민공원으로, 하수관을 정비하고 조성한 도시하천으로 재탄생했다. 그러나 진정 관심과 애정으로 그들을 대하니 이제까지 눈뜬장님이 아니었나. 무관심 속에 버려졌던 고인돌, 산성, 선돌. 새삼스레 사람들이 알아주는 새와 풀과 물고기 같은 도시가 품은 소중한 생명. 그들과 함께 우리 곁에서 도심 하천은 유유히 흘러가고 있다. 가야 할 고향도 등지고 주저앉은 갑천의 흰뺨검둥오리들, 그 자리에서 피고 지고 또 피기를 수년째 한 연꽃, 수생생태를 산교육으로 보여주는 습지에 눈뜬 사람들, 이제야 하천에 관심 갖는 사람들 몰려들 때까지 강은 그렇게 말없이 흘러가고 있었다.

도시의 숨통인 녹지는 우리의 사랑과 노력과 관심 여하에 따라 더 많은 식구를 키워내고, 불러 모으고, 자생시킬 일이었다. 우리에게 더 큰 경이를 줄 것이고, 반성과 낮춤의 도를 알게 할 것이다. 산야를 다니며 새로 접하게 된 내 지역의 역사문화와 자연생태 공부는 아는 만큼 보이도록 했다. 정자나무와 금줄의 의미를 역사와 문화 강의에서 보충했고, 길앞잡이와 거위벌레 요람을 곤충 강의에서 새로 알았다. 도꼬마리와 갈대를 식물 강의에서, 어류 강의에서 물고기의 혼인색과 추성을 알았고, 겨울 철새와 람사르 습지에 대해 조류 강의에서 접하였다. 또한, 양성과정은 계절의 변화를 느끼는 민감성에도 영향을 주었다. 이제 주변을 가만히 들여다보자니, 사랑스럽지 않은 것이 없었다. 가슴이 막 뛰기 시작한다.

여름내 사람 끓던 마을 어귀 느티나무
이따금 된바람에 누런 잎새 흩날리네.
해 묵어 금줄 삭은 이끼 낀 선돌 위엔
날 사나운 지푸라기 다시 엮어 둘러쳤네.

그림 8 대전의 생태계 보고(갑천 자연하천 구간)

더 자연스러운 자연해설: 자연의 언어는 자연해설사를 통해 의미가 된다

도리깨 쳐 알맹이 거둔 쭉정이 깻단 지고
바닥 보며 걸어가는 노인네의 힘겨운 발걸음.
땀으로 시간으로 손때 절은 지팡이 한 짐 지게 끝엔
타들어 가는 고추만큼이나 더 빨간 잠자리.

제방길 반 뚝 떼어 낱알 멍석 깐 옆에는
한 뼘이라도 소작욕심 깡말라 벌어진 콩깍지들.
용케 선택받아 찬 서리까지 갈 호박 영금질할 때,
여름의 무게만큼 씨알 무거운 해바라기.

북적이던 여름 물가 무심 뱉은 씨앗들이
뙤약볕 고독하게 수박 되고 참외 됐네
맘 급한 물고기들 색 곱게 물들이고
짝 찾고 부모 몸짓 여울 속을 후벼 파네.

지레 뛰는 길앞잡이에 길 내주어 따라가면
주인 몰래 붙어 앉은 도꼬마리 귀여운 놈들.
개울가 허연 털 갈대 한 바람에 도열해 춤추면,
때 이른 북녘 오리 삼삼오오 와서 노네.

해마다 터 찾아준 제비집은 주인 보내 쓸쓸한데,
제비 똥 허드렛일 줄어 웃음 짓는 쥔 할매.
밭일 바빠 텅 빈 집 마당 볕 쪼이는 가을 열매
귀한 곡식 후지를까 꽉 묶인 백구 늘어져 자네.

한소끔 밥 짓는 연기 해거름 석양에 섞일 때
하룻볕 쬔 가을걷이들 또 내일의 가을볕을 기약하고
비로소 두 다리 쭉 펴고 누운 가을 깊은 노곤한 밤
제 짝 찾아 목청 올린 귀뚜리 날밤 새우며 울어대네.

그림 10 가을볕에 널어놓은 볍씨(대전 갑천 상류)

양성과정에서 배운 대로 해봤다

(1) 아이에게 들려주는 숲 이야기

10월의 어느 날, 오늘은 아이 개교기념일이라 함께 숲에 들었다. 햇살 아래는 따갑고, 그늘은 쌀쌀해서 땀구멍 비집고 나오는 땀이 살랑바람에 금세 말라버렸다. 헉헉 가쁜 숨 몰아쉬며, 앞 사람 엉덩이만 쳐다보며 오르던 산길이었는데, 해설사 양성과정을 통해 주워들은 풍월이 쌓이니, 이제 내딛는 발걸음마다 이야기하고 싶게 하는 즐거운 숲길이었다. 도시에서 쉽게 접근 가능한 도시 숲은 시민들이 사랑하는 공간이자, 생태계의 보고로서 훌륭한 자연 학습장이다. 이제는 숲속 등산로를 따라 정한 곳을 시간 안에 다녀오는 것이 아니라, 시간이 허락하는 한도에서 숲길을 천천히 걸으며 느끼는 것을 목표로 했다. '산에 오르다'에서 '숲에 들어가자'로 인식이 바뀐 시작이었다.

"저기 함께 붙어 서 있는 소나무와 상수리나무를 보렴. 저렇게 하늘을 향해 쑥쑥 커나가다가 먼저 죽는 나무는 어떤 나무일까?"

더 자연스러운 자연해설: 자연의 언어는 자연해설사를 통해 의미가 된다

"소나무가 훨씬 오래 사니까 상수리나무가 죽겠지."

"소나무가 오래 사는 것은 맞아. 하지만 상수리나무가 더 빠르게 자라. 상수리나무가 큰 잎으로 햇볕을 더 넓게 받으면, 소나무는 결국 햇빛을 많이 못 받아 부실해지면서 소나무가 먼저 죽게 된단다."

"길옆의 소나무와 안쪽의 소나무에 솔방울이 왜 저렇게 차이가 날까?"

"씨앗을 많이 퍼뜨리려고 그러겠지."

"맞았어. 네가 지금 밟고 있는 나무의 뿌리를 봐. 사람들의 왕래가 잦다 보니까 흙이 다져지고, 빗물에 흙이 쓸려 내려가서 뿌리가 앙상하게 올라와 있지? 너무 시련이 크다 보니까 자기가 곧 죽을지도 모른다는 위기감에 자식이라도 많이 낳아 자기의 생명을 이으려는 거야. 봐라, 생긴 것도 참 못생겼지? 곧게 뻗은 소나무는 솔방울을 굳이 만들려고 애쓰지 않아. 지금으로도 충분히 행복하니까. 하지만, 이 못생긴 소나무는 스트레스를 많이 받다 보니, 삶이 너무 힘들어. 위로 크는 나무지만, 위에만 의존할 수 없어서 나무의 피부에 맹아라는 눈으로 수염이 난 것처럼 이렇게 이파리를 내보내고 있는 거야. 이파리를 통해서 가지라도 좀 만들어 살아보려고 말이지."

바닥에 솔잎을 보이는 대로 주워보았다. 그리고 소나무의 이름자대로 손가락을 세어 보였다.

"우리나라 산에는 소나무가 참 많아. 솔잎이 두 개면 빨갛게 보이는 적·송, 세 개면 니·기·다·(소나무), 다섯 개면 스·트·로·브·잣·(나무)라고 해. 소나무처럼 잎이 뾰족한 것들은 추위에 잘 견디는 나무들이야. 추운 지방에 있는 나무들은 햇빛을 더 많이 받고 싶어서 겨울까지 잎을 갖고 있어. 이파리가 넓으면 추위에 얼어버리니까 바늘처럼 뾰족하게 해서 작은 면적으로 사방의 햇빛을 받으려 하지. 그러나 이 나무들도 결국은 잎이 넓은 활엽수들에 밀려날 수밖에 없어. 아까 말했듯이 숲은 쉴 새 없이 자리다툼과 햇볕 다툼이 일어나고 있어. 또 지구 온난화로 인해 여름은 더 덥고, 겨울은 옛날보다 덜 추워지고 있어. 당연히 소나무들은 우리나라 남쪽지방에서부터 점차 사라지겠지?"

바닥에 떨어진 잎을 보고 주변에 어떤 나무가 있는 지를 가름한다는데, 분명 참나무 숲길임에도 바닥에 도토리가 없다.

"가을인데 땅에 도토리가 없네. 다 주워갔나? 상수리나무하고 굴참나무는 보통 2년에 한 번씩 열매를 맺는단다. 사람들이 도토리묵 한다고 죄다 주어가다 보니 다람쥐마저 먹을 게 없다고 하지. 하지만, 여기 보이는 나무들은 곧고 아주 큰 나무들이지? 햇빛을 충분히 받으면서 적당한 간격으로 다른 나무들과 자리싸움을 하지 않아도 될 만큼 행복한 애들이야. 그러니 열매를 맺는 일에 그리 신경을 쓰지 않아도 되니 도토리를 많이 안 만들 수밖에 없지."

"참나무의 종류를 말해볼까?"

"그건 알아 엄마. 굴참나무, 졸참나무, 갈참나무, 신갈나무, 떡갈나무, 상수리나무 모두 여섯 개야."

"정말 잘 아는구나. 숲 캠프 다녀오더니 아주 잘 아는데? 너 코르크 알지?"

"응, 포도주병 따다가 엄마가 잘못 돌려 짓이겨놔서 포도주에 가루가 들어갔었지?"

"맞아, 굴참나무의 수피를 떼어내면 코르크로 쓴단다. 만져봐. 폭신폭신하지?"

"숲을 아주 잘 가꾼다는 말이 무슨 말일까?"

"자연을 보호한다는 것, 나무를 베지 않는 것이지."

"그렇지. 그런데 숲을 잘 가꾼다는 것은 무조건 나무를 안 베고, 안 꺾는 일이 아니야. 조림을 잘한 북유럽의 숲 사진 봤지? 나무들이 잘 자라려면 햇빛을 적당히 받을 수 있는 면적이 필요해. 산불이 나서 홀랑 타버린 산에 어린 소나무를 다닥다닥 심어놓은 것을 계족산 올라가다 봤지?"

"응, 봤어."

"그런데 그 나무가 아주 어른 나무가 되었을 때 생각해봐. 그 나무들이 너무 촘촘하다 보니 가지가 서로 부딪히고, 햇빛을 제대로 못 받게 되겠지? 나중엔 그 숲에 모든 나무가 제대로 크지 못하게 될 거야. 나무를 아주 크게, 굵게, 풍성하고, 푸르게 만들려면, 적당히 솎아 줘야 해."

"솎아주는 게 뭐야?"

"골라내서 자른다는 거야. 튼실하게 커나가는 나무를 방해하며 옆에서 크는 나무는 베어주고, 너무 틈이 많다 싶으면, 또 심어주기도 하고. 인간이 더러는 숲을 도와줘야 하는 거지."

"그런데 굳이 사람이 도와주지 않아도 자연은 자기 스스로 도와. 지난 3월에 눈이 많이 와서 산에 나무들이 많이 부러졌지? 뿌리째 뽑히기도 하고. 좀 안타까웠지? 그런데, 동시에 눈을 맞고도 다른 나무들은 모두 멀쩡한데 어떤 나무들은 왜 뽑히고, 부러지고 했을까? 부실해서 그래. 크면서 너무 시달림을 많이 받았다든지, 햇빛 등이 부족했다든지 등으로 건강하지 못하면, 결국은 그렇게 되지. 자연이 스스로 숲을 건강하도록 적당히 건강하지 못한 것들은 도태시키는 거지."

더 자연스러운 자연해설: 자연의 언어는 자연해설사를 통해 의미가 된다

"우리나라는 전체 국토의 65%가 산이란다. 그리고 세계에서 보기 드물게 나무가 울창한 숲을 갖고 있지. 그런데 불행하게도 목재를 전부 인도네시아 등지의 열대지방에서 수입해와. 우리나라와 일본이 대표적인 열대지방 숲 파괴국이라고 하는구나. 일제강점기에 산에 있는 나무들을 죄다 베어서 일본으로 가져가기도 했고, 전쟁 물자를 운반하고자 철도 침목으로 사용했어. 또 우리나라는 연탄을 사용하기 전까지 나무를 땔감으로 사용하다 보니 닥치는 대로 나무를 베어버렸지. 그래서 그 시대의 사진들을 보면 나무가 없는 대머리 산이야. 민둥산이지. 우리나라가 그 이후부터 산에 나무를 심기 시작했고, 이제 그 나무들이 성장한 지 60년밖에 되지 않거든, 나무를 베면서도 나무에 미안하지 않으려면 100년은 있어야 한대. 그러다 보니 나무는 많지만, 벨 나무가 없는 산이 바로 우리나라 산이야. 하지만, 일본은 안 그래. 산에 나무도 많고 전쟁을 자기 땅에서 하지 않았기 때문에 나무도 굉장히 오래된 게 많지. 베어도 되는 나이의 나무들이 엄청 많아. 그런데도 안 베는 이유가 뭔지 알아? 자기 나라의 산림은 아껴두고 남의 나라에서 나무를 수입하는 진짜 이유는, 바로 미래를 위해서야. 미국이 자기 땅의 석유는 두고, 중동의 석유를 수입하는 것과 같지. 미래는 자원전쟁의 시대야. 자기 것을 비축해두었다가 나중에 남의 것이 바닥나면 그때 자기 국민이 편안히 쓸 수 있고, 남의 나라에 비싸게 팔 수도 있으

그림 11 찔레나무 열매

니까. 잘 사는 나라일수록 앞을 내다보는 계획을 세운단다."

"여기 가시가 있는 나무 만져봐. 아프지? 가시가 왜 있게?"
"자기를 보호하려고 그러지."
"맞아. 특히 새봄에 돋아나는 식물의 어린 순들은 아주 맛있대. 어른들이 봄에 고추장 찍어 먹는 두릅 알지? 두릅도 자기를 보호하려고 가시가 있지. 초식동물들이 주로 먹는 풀들은 자신을 보호하려고 가시가 발달했어. 찔레가 왜 찔레인지 알아? 찔리니까 찔릴레, 찔리레가 찔레가 된 거란다."

"나무나 풀 이름은 참 재밌는 게 많아. 한자어보단 순우리말이 많지. 옛날에 양반보단 머슴과 평민들이 산에 돌아다니며 나무 땔감도 구하고, 들에서 농사도 지으며 살았잖아. 그러니 한자도 잘 모르고 우리나라 글도 잘 못 읽고 하던 사람들이 식물의 이름을 짓다 보니 서민적인 이름이 많아. 생긴 모양을 빗대어 짓기도 하고, 평소에 보기 싫은 사람을 빗대어 짓기도 하고, 엄마가 더 많이 공부하면 그때 많이 일러줄게."

초등학교 3학년 아들과 오늘의 산행은 그동안 해설사 양성과정을 통해서 얻은 것들이 진정으로 내 것이 되었음을 증명하는 시간이었다. 눈에 들어오는 나무에도 부대끼며 사는 나름의 이야기가 있음을 상기시켰고, 옷깃을 비껴가는 풀의 존재를 결코 가벼이 하지 않았다. 우리를 둘러싼 숲, 우리 국토의 숲에 대해 아이에게 새로운 시각과 생각을 하게 해준 소중한 시간이었다. 오늘은 아이가 가자는 대로 산으로 향했지만, 다음은 냇가로 나가보려 한다. 이전에는 무심히 흘러가는 계절이었지만, 가을이 잎과 꽃을 전부 다 떨구기 전에 할 일이 많아짐을 느낀다. 빛깔이 퇴색된 늦가을이지만, 온전한 옷을 입은 자연이 그래도 벌거벗은 산내들의 겨울철보다는 아직 할 이야기가 많기 때문이다.

(2) 아이에게 들려주는 하천 이야기

한가한 일요일 오후 가족과 함께 갑천 상류를 찾았다. 자동차를 보 앞에 대어놓고 천천히 걷노라니 마른풀의 씨앗과 열매들이 흩날린다. 제방을 걸으며 도꼬마리 다트도 해보고, 박주가리도 건드리며 팅커벨의 춤에 넋이 나간다. 늦은 가을 하천 변의 씨앗과 열매는 참으로 많은 놀거리를 만들어주었다.

초입에 굵은 자갈과 중반의 잔자갈과 모래를 지나, 물이 말라 들어갈 수 있는 모래톱 끝까지 걸어 들어갔다. 우리는 돌 위를 흘러내리는 여울 옆에서 귓바퀴에 두 손을 모아 소리를 들어보았다. 졸졸졸. 소리를 모으니 물 흐르는 소리가 더 크게 들린다. 마치 소라껍데기를 귀에 댄 듯, 여울 물소리는 더 맑고 청아하게 들렸다.

"여울은 물이 떨어지는 높이의 차이가 있을 때 물방울이 터지며 '졸' 소리가 난단다. 물방울이 많이 떨어지면 '졸졸졸'하겠지? 물 높이에 따른 경사는 인공적으로도 만들 수도 있지만, 물이 흐르면서 물살에 의해 저절로 생겨나지. 물이 돌과 부딪힐 때 물방울이 만들어지는데, 이때 물방울이 터지면서 물속에 산소가 녹아든단다. 여울에는 산소가 풍부하니까 물고기들이 산란하는 장소이고, 물고기들이 많이 몰리니 상위 계층의 물고기들이 모여들지. 당연히 물고기를 잡아먹기 위해 백로와 왜가리 같은 새들도 찾아오겠지. 여울은 물속에 사는 생물의 좋은 서식처이자, 물도 깨끗하게 정화해주는 곳이야. 하천에 여울 지대가 많으면 많을수록 건강하단다."

갈대밭 한가운데 무거운 것이 밟고 지나간 흔적이 있다. 한 방향으로 갈대들이 누워있는 것으로 보아 오프로드 자동차 바퀴 자국이다.

"오프로드 자동차는 길이 아닌 곳만 골라서 다니는 습성이 있어. 이렇게 갈대밭을 망가뜨리면 여기 사는 곤충이나 심지어는 풀숲의 새 둥지마저 모두 파괴되지. 이 오프로드 차들은 무리지어 움직이다 보니 한번 차들이 휘저어놓고 간들이나 강가는 완전 초토화되는구나. 더러는 올라가서는 안 되는 제방도 올라다녀. 홍수가 났을 때 약해진 제방이 허물어지게 되는 원인이 되기도 한단다."

그림 12 붉은머리오목눈이의 둥지

아빠의 손을 잡고 제방 위로 올라가다 아이의 눈앞에서 날아올라 갑천 건너 수풀 속으로 사라진 수꿩 한 마리를 발견했다. "깜짝이야."

"이 제방이 없으면 큰물이 났을 때 제방 바깥에 있는 농작물이 큰 타격을 입을 수 있어. 물은 몇천 년간 하류를 향해 제 맘대로 물길을 만들어 흘러간단다. 더러는 S자로 휘기도 하고, 일자로 뻗기도 하면서 말이지. 자연의 섭리인 물길을 하천에 공원을 만들기 위해 일자로 만든단다. 또 하천 주변에 도로나 아파트를 만들어 이용 공간을 확보하다 보니 하천 폭이 좁아지지. 심지어는 보기 싫고 불편하다고 복개해버리기도 한단다. 그러나 큰물이 났을 때 물살이 부딪히는 부분은 계속 부딪혀서 지반이 약해지고, 수량이 많아지면 물이 넘치기도 해. 햇볕도 안 들도록 덮개로 덮은 하천은 동식물도 살 수 없는 수로일 뿐이야."

해가 서산에 기우는 때. 이제는 천변에서 노닐던 차들도 모두 떠나고 오로지 우리 가족만 남았다. 이따금 멧새들의 천지가 되어버린 제방의 나뭇가지에서 새들의 노랫소리가 들려왔다. 그리고 이따금 보여주는 자태 가운데, 머리에 왕관을 쓴 녀석, 엉덩이 양쪽에 하얀 점을 새긴 녀석, 날개깃이 참으로 알록달록한 색깔의 녀석들을 보았다. 참새같이 생겼는데, 멧새라고 하니, 이토록 다양하고 아름답다는 것을 조용히 확인할 수 있었다.

"천변 들판에 서 있는 저 나무들은 버드나무야. 뿌리를 물에 푹 담그고 있어도 뿌리가 썩지 않는 물과 친한 나무지. 물과 친한 것은 갈대, 부들, 미나리도 있지. 이런 식물의 뿌리와 줄기는 인과 질소 등 물속의 오염 물질을 흡수하고 산소를 내어주는 좋은 역할을 한단다. 둔치 가장자리에 저절로 자라는 물가 식물들이 지저분하다고 해서 베어내거나 뽑아서는 안 되는 이유지. 바다를 막아 방조제를 만들었다가 지금 크게 후회하는 경기도 시화호가 있어. 오염된 시화호로 세 개의 하천이 들어오는 지역에 인공으로 갈대를 심어 저절로 물을 정화하도록 했어. 갈대의 역할은 그 정도로 굉장하단다. 바람에 휘날리는 갈대의 모습도 예쁘지만, 갈대가 그렇게 착한 일을 하고 있단다.

도시 안에 있는 하천은 사람들이 쉬기 좋게, 잔디도 깔아놓고, 산책 도로도 만들어놓고, 심지어는 자동차가 다니게도 했지. 그러나 물이 많을 때와 적을 때를 막론하고, 제멋대로 흘러가는 하천을 인간이 빼앗은 거야. 잔디를 깔고 자전거도로를 내서 말이야. 더군다나 사람들이 거추장스럽다며 갈대나 버드나무 등의 나무들은 아예 뽑아내어, 하천은 스스로 물을 정화할 수 있는 도구를 빼앗긴 격이란다. 이런 도심하천은 까치나 비둘기, 토끼풀밖에 찾을 수가 없어. 그렇다고 해도 대도시 하천에 사람들이 편리하게 이용할 수 있는 산책공원은 필요하지. 차라리 하천의 한쪽만 공원 둔치로 조성하고, 한쪽은 자연하천 구간으로 놔두는 게 어떨까 하는 생각을 해봐. 자연과 공존하는 방법인 것 같은데 넌 어떻게 생각하니? 반반씩만 갖는 거지. 자연과 인간이 말이야."

　산자락이 석양에 반사되어 주황의 산 기운을 입고 있을 때, 따뜻한 코코아 한 잔씩을 손에 쥐고서 "오늘 노루벌에 정말 잘 온 것 같지?" 하고 물었다. "응 정말 재밌었어." 이 녀석 입에서 이 말이 나오기를 얼마나 고대했는지. 이제 엄마와 아이의 눈으로 보는 자연은 지금까지의 모습과는 다른 자연의 모습으로 변하고 있었다. 시나브로 자연과 하나가 되어 아름다움을 느끼고, 사랑하는 눈이 되어감에 기뻤다. 시험을 앞두고 당분간 밖에 못 나올 녀석. 온 가을을 진하게 느껴 본 하루여서 엄마는 이 가을 할 일을 한 것 같았다. 남편은 지금껏 시골길을 지날 때마다, 저녁이 있는 삶을 꿈꾸며 빈집이나 관심을 두었었는데, 오늘 나름대로 의미 있는 시간이었다고 했다.

그림 13 갑천의 상류 노루벌

우리나라의 자연생태환경 분야의 해설사들

　지자체와 민간단체를 중심으로 운영되어 오던 해설사 양성과정이 2007년 숲해설가를 시작으로 다양한 분야에서 제도화되기 시작했다. 저렴한 비용과 짧은 교육시간에 양성되어 현장에서 활동했던 과거에 비하면, 현재 국가 수준의 자격증답게 비용이 만만치 않을 뿐 아니라, 이수하기 위한 출석과 시간, 평가가 매우 엄격하다. 현재 제도화된 해설사로는 숲해설가, 자연환경해설사, 지질공원해설사, 사회환경교육지도사, 문화관광해설사, 바다해설사, 갯벌생태안내인 등이 활발하게 운영되고 있다. 이들은 공히 해설사별로 1년에 한 번씩 해설사대회를 열어 해설기법, 프로그램 진행, 교구재 활용법 등 정보를 공유하고 있다.

　숲해설가는 우리나라 자연생태환경 해설 분야 가운데 가장 먼저 제도화가 되었다. 전쟁 이후 우리 국토의 산은 민둥화되어 조림과 녹화가 정부 최우선의 산림정책이었다. 산림의 경제적 가치와 공익적 가치를 우위에 두면서, 전 세계적으로 놀랄 만하도록 산림녹화가 빠르고 성공적으로 추진되었다. 그러나 점차 산림의 가치가 문화적이고 교육적인 차원으로 변하면서, 산림이 문화와 휴양을 위한 공간으로 주목받기 시작했다. 급격히 증가한 산림휴양인구에 숲에 대한 산림 문화 휴양공간이 필요했고, 숲에 대한 교육과 체험 등 양질의 산림휴양서비스를 제공할 필요성은 커졌다.

　이에 2007년 산림청이 숲해설가와 등산안내인 교육과정 인증을 허가하면서 사실상 최초의 숲 해설 및 환경교육 관련 교육프로그램 인증제도가 도입되었다. 2008년 숲해설가 초급 교육과정을 시작으로, 현재까지 전국의 총 56개 산림교육전문가 양성기관에서 산림교육전문가를 양성하고 있다. 산림교육전문가란 숲해설가, 유아숲지도사, 숲길체험지도사를 말하는데, 숲해설가 양성기관 33개, 유아숲지도사 양성기관 9개, 숲길체험지도사 양성기관 4개에서 각각 양성하고 있다. 숲해설가는 170시간 이상, 유아숲지도사는 205시간 이상, 숲길체험지도사는 145시간 이상의 교육시간을 이수해야 하며, 평균 숲해설가는 4개월, 유아숲지도사는 5개월, 숲길체험지도사는 2개월이 소요된다. 공히 출석시간과 이론 및 시연평가에서 70점 이상을 받고, 교육실습 30시간 이상을 이수해야 자격증을 취득할 수 있다.

　현재 산림교육전문가 자격을 취득하고 인증과정을 득한 산림교육전문가들을 대상으로 재정지원 일자리사업이 진행되고 있다. 숲해설가는 자연휴양림, 수목원, 도시 숲 외에도 민간단체·자활공동체 형식의 사회적 기업·협동조합·교육기관 혹은 개인 사업주로서 산림교육전문가로 활동하고 있다. 그러나 산림교육전문가 자격제도 도입 당시에 수요와 공급의 균형적인 조절과 사후 관리의 투명한 확보는 해결해야 할 과제였다. 현재 숲해설가가 활동할 수 있는 활동 공간과 활동 보장이 제한적이다 보니, 현존하는 고용과 '괜찮은 일자리'에 대하여 매우 경쟁적일 수밖에 없는 상황이다. 인증기관의 수와 양성 규모는 민감한 문제이지만, 매년 쏟아지는 숲해설가의 수에 비하여 재정지원 일자리사업으로 직무를 수행하는 해설사는 매우 좁은 문에 직면하고 있다.

자연환경해설사는 환경부에서 운영하는 자격제도로 2011년 처음 법제화되어 이듬해부터 양성되었다. 생태 경관보전지역과 습지 보호지역 등 생태 우수지역을 찾는 탐방객을 대상으로 생태해설과 교육, 생태탐방 안내를 하고 있다. 현재 13개 양성기관에서 기본과정 80시간, 간이과정 35시간, 전문 과정 100시간을 운영하고 있다. 수료증은 교육과정 출석 80% 이상과 필기시험 60점 이상, 실기시험 60점 이상, 해설 시연 70점 이상의 단계를 거쳐 수료증이 발급된다.

해설 시연을 위해 교육생은 시연할 지정주제와 자유주제에 대한 기획안을 작성해 제출한다. 기획안은 해설의 주제와 대상을 선정하고, 내용은 도입, 전개, 마무리 형식을 갖춰 시나리오와 함께 제출한다.

해설 시연평가의 항목별 배점은 기획안 작성의 수준이 10%, 해설 시연에 필요한 외적요소인 사전준비, 분위기 조성능력, 주제에 대한 흥미도 20%, 본 해설의 테마, 흐름, 내용, 진행기술 및 태도 60%, 마무리 10%이다.

현재 환경부 산하 지방 환경청과 국립공원관리공단, 지방자치단체에서 자연환경해설사를 고용하고 있다. 정부의 공공부문 정규직 전환 가이드라인에 따라 2018년 국립공원관리공단이 비정규직 근로자를 정규직화하면서, 국립공원관리공단, 국립생태원에서 근무하는 자연환경해설사가 정규직으로 전환되었다.

지질공원해설사는 국가 지질공원제도가 2011년 도입되면서 다양한 지질유산을 보호할 목적으로 지질 경관이 중요하고 경관이 우수한 지역을 선정하였다. 현재 제주도, 울릉도·독도, 강원 평화지역, 청송, 부산, 무등산권, 한탄강, 강원 고지대, 전북 서해안권, 경북 동해안권, 백령·대청, 진안·무주 국가 지질공원이 있다. 지질공원해설사는 국가 지질공원 관광객을 대상으로 한 교육·체험·관광프로그램을 통해, 지질공원의 통합적인 지식과 가치를 해설하고 있다. 지질공원으로 지정된 지자체 단체장의 추천자나 자연환경 해설 분야 경력 2년 이상인 자로 지질공원 해설 분야에 관심이 있는 사람을 대상으로 선발한다. 양성과정은 총 100시간으로 소양교육(40시간)과 전문교육(강의 40시간, 현장실습 20시간)을 이수해야 한다. 자연환경해설사, 문화관광해설사, 지질학 관련 분야 전공자는 별도로 명한 과목을 면제하고 있다. 자격증은 교육과정 출석 80% 이상과 필기시험 60점 이상, 해설 시연 70점 이상의 단계를 거쳐 발급되고, 운영은 해당 지자체의 운영규정에 따른다.

사회환경교육지도사(변경 명칭 환경교육사)는 환경부 장관이 지정하는 자격제도로 환경교육프로그램의 기획 진행 분석 평가 및 환경교육을 수행하는 사람을 말한다. 환경교육의 법제화를 위한 노력은 이미 2003년 환경교육진흥법 제정 추진 및 환경교육사 제도 연구에서 시작되었지만, 2008년 환경교육진흥법이 제정되고, 2016년에 뒤늦게 3급 양성과정이 시작되었다. 현재 2급 양성과정도 진행 중이며, 1급 과정 102시간 이상, 2급 과정 144시간 이상, 3급 과정 96시간 이상 수료하여야 한다. 오래전부터 환경교육진흥법에서 쟁점이 되어왔던 것이 환경교육센터 지정, 환경교육프로그램 인증, 사회환경교육지도사 인증이었다. 환경교육센터의 지정과 환경교육프로그램 인증은 절차적으로 이행되고 있다. 그러나 사회환경교육지도사의 경우는 타 해설사 인증시스템의 사례를 통해 효율적인 제도의 시행을 신중히 모색하느라 제도의 시행이 늦었고, 이후 활용이 활발하지 못하다. 현재 환경부 각 유역청의 국가환경교육지원단(전 환경교육홍보단) 운영에 사회환경교육지도사를 우선 위촉하고 있다. 국가환경교육지원단이란 유역청 관할 지역의 시민들을 대상으로, 환경보전방안을 효율적으로 전파하여 친환경 녹색 생활을 확산하고자 환경전문가, 민간단체 환경지도자 등으로 구성하여 운영하고 있으며 위촉 기간은 2년이다.

문화관광해설사는 2001년 한국방문의 해를 맞아 우리나라를 방문하는 외국인에게 우리 문화와 전통, 관광자원을 소개하기 위해 문화유산해설사라는 이름으로 처음 도입되었다. 이후 지역관광을 활성화할 목적으로 지역의 생태·관광단지, 농어촌체험 관광 등 다양한 분야를 해설하도록 문화관광해설사로 명칭이 바뀌었다. 지방자치단체는 해설사 활동에 필요한 비용을 국비와 지방비 각각 반반 부담으로 운영하며, 문화체육관광부의 운영지침에 따라 운영계획을 세워

해설사를 배치, 활용하도록 하였다.

문화관광해설사의 경우, 역사와 문화, 예술, 자연 등에 폭넓은 지식과 소양을 갖춘 해설이 필요하다. 특히 역사와 문화적 관점을 넘어 생태환경 부분의 중요성이 날로 커지고 있다. 대표적으로 생명 문화재인 천연기념물이 다수 존재하고, 역사를 품은 노거수들, 풍수와 연관 있는 가람 배치, 자연의 이치를 거스르지 않으려는 건축양식 등 문화, 건축, 예술, 종교, 음식, 의상 등의 해설자원은 자연환경과 떼려야 뗄 수 없다.

양성과정은 25개의 인증기관에서 총 100시간의 신규양성 교육과정을 이수한 후, 기본 출석 80% 이상과 필기시험 70점 이상, 현장시연평가 70점 이상을 통과하면 최종 합격이 된다. 이렇게 배출된 예비 문화관광해설사는 지자체의 평가와 3개월 이상의 실무실습을 거쳐 문화관광해설사 자격을 얻는다. 지방자치단체장은 수요가 있을 때 문화체육관광부와 협의해 선발 계획을 세우면, 공고를 통해 지원자를 선발하고 한국관광공사에서 인증한 기관에 교육을 위탁한다. 지자체는 문화관광해설사를 배치하는 데 있어, 수요에 맞춘 인원이 배치됨으로 일자리에 제한이 있다. 이외 문화관광해설사는 문화재 관련 단체나 기업, 프리랜서 등에서 활동한다.

바다해설사는 한국어촌어항공단이 2010년부터 배출하기 시작한 해양환경 분야의 해설사이다. 이들은 어촌과 어항 관광 및 해양관광을 활성화하기 위하여, 어촌과 어항 및 바다를 관광하는 관광객에게 수산자원 및 어구를 이용한 어업, 어촌과 어항의 역사와 문화 등에 관한 전문적인 해설을 제공하고 있다. 양성과정을 통해 배출된 사람 가운데, 어촌체험 마을의 관계자가 가장 많다. 총 60시간의 교육을 이수해야 한다.

갯벌생태안내인은 습지보전법에 의거, 해양수산부 장관이 위촉하는 명예습지생태안내인이다. 총 4개 기관에 6개 양성과정이 운영 중인데, 기초과정 58시간, 심화 과정 58시간 이상을 이수(각 과정 모두 현장체험시간 40% 이상)해야 한다. 주로 순천만, 무안과 서천 습지 보호지역 및 갯벌에서 안내 및 체험교육 활동을 하고 있다.

부산광역시에서 별도로 운영하는 해양해설사 제도는 2015년부터 시행되었고, 부산 서구청에서 주관하는 해양환경해설사(2013년부터 시행), 한국해양대학교에서 주관한 해양생태해설사(2009년부터 진행)가 있다.

현재 해양환경부문의 자격제도를 통합한 국가 수준의 해양환경교육을 정착 확산시킬 목적으로 해양환경교육사 자격제도 도입이 추진되고 있다. 이를 위한 양성과정은 사회환경교육지도사 양성 과정을 참고하고 있다.

그림 14 계룡산국립공원 네이처센터(대전 수통골)

평생교육법에 근거한 **평생교육사**, 문화예술교육 지원법에 근거한 **문화예술교육지도사**, 청소년기본법에 근거한 **청소년지도사**가 있다. 청소년지도 사의 경우 문화예술교육사, 생활스포츠지도사, 사회환경교육지도사에 해당하는 자격이 필요하 며, 문화관광해설사는 자연환경해설사, 지질공원해설사, 산림교육전문가, 사회환경교육지도사 에 해당하는 자격이 필요하다. 사회환경교육지도사 1, 2, 3급과 같은 수준별 급수 자격제도 외 에 숲해설가, 자연환경해설사, 문화관광해설사는 급수 구분이 없는 단일급수 자격제도이다. 숲 해설가의 경우 급수가 없는 자격제도의 보완으로 유아숲지도사, 숲길 지도사와 같이 내용별로 산림교육전문가를 구분하였다.

자연생태환경 분야의 해설사제도는 2천 년 초반부터 시작되어 노후의 일자리로 자리를 잡았 다. 그러나 공인된 양성과정을 거친 질 검증된 해설사라도, 공인된 공간과 설비, 공인된 교육프 로그램이 갖춰져야 한다. 따라서 산림청과 환경부는 기관, 단체, 기업 등에서 운영하는 숲 해설 프로그램과 환경교육프로그램을 인증하고 있다. 이를 통해, 프로그램이 안전성과 질적인 수준 이 일정한 수준 이상인지를 확인하고 있다.

산림청 산림교육프로그램의 경우, 프로그램의 내용과 지도자 요건, 교육 활동 환경, 기록관 리, 숙박시설 관리 등을 구성 기준으로 하여, 전문가의 현지 조사 및 평가보고서를 통해 심사 후 인증서를 발급하고 있다.

환경부 환경교육프로그램의 경우, 프로그램의 내용과 지도자 자격, 교육 환경 등의 항목에서 전문가로 구성된 인증지원단의 현지 실사 등을 통해 평가 심사를 한다. 이를 통해, 다양한 환경 교육프로그램에 대하여 소비자가 신뢰할 수 있는 기준을 제공하고 있다.

자연해설이 뭐야?

당신에게 환경은 무엇인가요?

　우리나라 사람들에게 '환경' 하면 떠오르는 이미지는 무엇일까? 2013년부터 실시하고 있는 환경부 조사에 의하면, '아름다운 자연환경', '도시와 농촌의 오염', '기후변화'의 순으로 나타났다. 최근 '기후변화'가 이슈의 중심에 있지만, '아름다운 자연환경'이 부동의 1위를 지키고 있다.

　아름다운 자연환경이 지켜지기 위해서는 무엇보다도 환경이 정의로워야 한다고 인식한다. 환경파괴와 그로 인한 피해의 과정은 빈곤이나 부정의에서 비롯되기 때문이다. 모든 사람은 환경오염으로부터 보호를 받으며 깨끗하고 건강한 환경에서 살 수 있는 권리를 가진다.

　도시와 농촌의 오염으로 인해 먹거리 안전성에 관심이 높아졌다. 특히 친환경 식재료인 친환경농산물에 관한 관심은 곧 생태계의 보전을 통한 환경적인 효과뿐만 아니라, 지역경제의 활성화 등과 같은 긍정적인 효과가 있게 한다.

　범지구적인 문제인 기후변화는 인류의 생존을 위협하는 환경문제로 인식하고 있다. 그 원인은 인간의 환경에 대한 잘못된 행위, 태도에서 비롯되었다고 여기는데, 본질에서는 인간의 사회적 구조가 원인임을 인식하고 있다.

　환경오염이 자원의 소비 등 인간의 소비에서 비롯된다고 할 때, 가정은 소비의 1차 공간이다. 가정은 일상생활의 기본적 욕구충족을 위한 의식주 공간이자, 가정환경은 자녀의 성장 과정에서 가장 중요한 환경이다. 유년시절 가정에서의 정서적, 환경적 경험과 기억들은 어른이 된

후 행동에 영향을 미친다. 가정에서 자녀는 부모의 행동을 관찰하고 모방하며 행동을 학습한다. 따라서 가정에서 친환경적 행동의 습관화는 매우 중요하다.

기업은 환경오염이라는 전 지구적 문제에 대응하고자 생태학적 균형과 인간의 삶의 질을 중심으로 한 접근방법으로 변화하고 있다. 대표적인 것이 기업의 사회적 책임 달성과 장기적인 경제적 수익을 창출하고자 하는 그린마케팅이다. 재료와 생산, 유통과정, 소비와 폐기에 이르기까지 통합적인 친환경 가치를 중요하게 생각하고 있다. 소비자 입장에도 친환경 가치가 의식세계 깊숙이 영향을 미치며 진화하고 있다.

과거 도시화·산업화는 자연 훼손을 담보해야 했고, 소비는 경제성장을 위한 미덕으로 치부되었다. 도시·농촌의 오염이 가속화되면서 '환경'은 곧 '공해'라는 인식이 팽배했고, 지금의 환경교육에 해당하는 공해교육을 받았던 시기가 있다. 그러나 현재 환경문제는 짧은 기간에 일정한 지역 내에서 개인의 노력만으로 해결될 수 있는 성질이 아님을 안다. 더욱이 과학기술이 환경문제를 해결해줄 수 있을 것이라는 기대는 이미 무색해졌다. 지구환경은 우리의 기대와 무관하게 악화를 가속하고 있다. 스웨덴의 청소년 환경운동가 툰베리의 외침은 환경문제 해결을 사회 구조적 문제로 진단하였기에 지구적 반향을 일으킨 것이다. 현재 환경교육은 대기, 물, 토양, 에너지 등 물리적 환경 중심에서 벗어나, 생태계와 사회체계의 상호작용을 강조하며 자연과학과 인문사회학적인 접근을 통합하는 방식으로 변하고 있다. 환경문제의 발생 원인이 개인에서 비롯되었다는 죄책감으로 인해, 친환경적으로 행동하고 규범화하였다면, 이제는 환경문제를 개인적 원인과 사회 구조적 원인으로 균형 있게 바라보고자 하고 있다. 자신뿐만 아니라 공동체의 지속가능성을 추구하는 관점으로 변하고 있다.

환경 소양인을 길러낸다는 것은 과학적 소양과 인문학적 소양을 두루 갖추는 것을 의미한다. 나름의 지속 가능한 삶의 방식을 찾고 실현하는 과정에서 사회체계와 불일치를 경험할 때, '나 혼자서만 하면 뭐해?'라는 질문을 던질 수 있다. 그런데도 이를 조정해나가고자 노력할 때, 진정한 의미에서 주체적이고 능동적인 사회적 존재로서 자리할 수 있을 것이다.

환경교육은 자연과학과 인문사회학의 통합적 접근방식을 통해, 공동체가 닥친 문제를 얼마나 창의적으로 해결해내느냐, 자기실현의 이상적 방법을 탐색해 가느냐를 다루고 있다. 특히 창의적 활동에 있어서 자연체험은 환경적인 태도와 인식을 하게 하는 데 중요한 요소인 감수성을 키우는 데 영향을 준다. 자연체험 교육은 개인의 신체와 정신뿐 아니라 환경 소양인을 길러내는 유용한 도구이다.

당신의 환경관은?

기후변화의 문제가 심각하게 대두될수록, 아름다운 자연환경에 대한 갈망은 커지고, 도시와 농촌의 오염이 가속화될수록 사람들은 삶의 질을 자연 친화적으로 개선하고자 한다. 그러나 개인이 가진 자연에 대한 환경관에 따라 자연 친화적 방법이 다르게 나타난다.

환경관이란 환경을 바라보는 관점으로, 환경에 대한 인식과 태도를 말한다. 환경관은 크게 인간중심주의, 생태지향주의, 지속가능발전주의로 나눌 수 있다.

인간중심주의는 자연이야말로 인간을 위한 자원이라 여긴다. 자연은 인간의 이익을 위해 이용되는데 가치로 평가되며, 경제성장 과정에서 환경 훼손이 일어나도 과학기술의 발달로 이를 충분히 해결할 수 있다고 여긴다. 인간중심주의는 기술지향주의, 환경관리주의와 그 맥을 같이 한다.

생태지향주의는 인간은 생태학 법칙에 따라 지배를 받는 생태계의 일원으로 본다. 여기서 생태학이라는 용어는 유기체와 환경 간의 연관성을 설명한다. 지구를 하나의 유기체로 보고, 인간도 그 구성요소로 인식하는 것이다. 생태지향주의는 환경문제를 해결하는 방식에 있어, 인간중심주의를 비판적으로 바라본다. 생태지향주의는 극단적인 환경보호주의 입장의 진보적 생태지향주의와 보호주의 입장의 보수적 생태지향주의로 나뉜다. 채식주의, 동물복지, 자연성 회복 등이 인간중심주의에 대한 반향이다.

지속가능발전주의는 지속적인 개발을 주장하는 개발론자와 환경보전을 위한 제한적인 개발을 요구하는 환경론자의 대립 속에서 환경적으로 지속 가능한 발전이라는 개념을 담고 있다. 여기에서 지속은 현재 상태가 변하지 않고 이어져 나가는 계속의 개념이 아닌, 끊임없이 변화하고 전 단계보다 조금 나은 상태로 차이를 만드는 개념이다. 1987년 환경과 발전을 위한 세계위원회에서 발간된 보고서에서 미래 세대가 그들의 필요를 충족시킬 수 있는 능력을 저해하지 않으면서 현세대의 필요를 충족시키는 것이라고 지속가능발전을 정의했다. 이는 경제성장과 환경보전을 조화시킬 수 있는 화해적 개념이다. 지속가능발전주의는 다양한 이해관계와 가치체계들이 환경적, 경제적, 사회적 지속가능성이라는 개념 속에 공존하고 경합하며 긴장 관계를 이루고 있다.

지속가능발전주의는 환경 정의적 측면에서 환경복지와 관련이 있다. 환경복지는 모든 사람이 건강하고 쾌적한 환경에서 생활하도록 환경자원과 서비스 이용의 혜택을 동등하게 누리는 것이다. 또한, 환경오염으로부터 동등하게 보호받으며, 참여민주주의 등으로 더욱 나은 삶의 질을 보장받는 것을 의미한다.

자연의 서비스에는 대가를 지불해야 한다

모든 사람이 건강하고 쾌적한 환경에서 생활할 수 있는 것은 우리가 자연을 통해 자연자원을 이용하고, 자연의 서비스 혜택을 받고 있기 때문이다. 자연이 주는 서비스의 가치는 인간의 생산 활동을 통해 얻는 경제적 편익과 비교할 수 없는 가치이다. 따라서 인간이 자연으로부터 받은 혜택을 다시 자연에 보상하는 것은 마땅하며, 이것이 지속가능발전에 토대를 이룬다.

인간은 개인적·사회적 활동에서 야기되는 괴로움이나 슬픔, 피로감 등으로 스트레스 사회를 살고 있다. 따라서 스트레스에서 벗어나 심신을 편안하게 하고자 하는 욕구는 커지고 있다. 스트레스에서 벗어나고자 하는 노력은 수다나 일기 쓰기, 산책, 음악 감상, 영화 감상, 스포츠와 여행 등 기분전환의 개인적 치유방법에서부터 심리치료나 병리 치료의 영역까지 다양하다.

그림 1 버드나무 습지(금강의 대전 로하스길)

우리가 주목하는 것은 삶의 질을 높이고자 하는 방법으로 자연이 주는 생태계 서비스를 적극적으로 이용하는 것이다. 생태계 서비스란 자연이 인류에게 주는 혜택이다. 생태계 서비스는 네 개로 나누는데, 공급서비스(연료, 식량, 원자재, 맑은 물, 생물자원)와 조절서비스(수질 정화, 꽃가루받이, 기후조절, 홍수조절, 질병 조절), 지지서비스(광합성, 토양형성, 서식지 제공, 유전 다양성 유지, 영양물질 순환), 문화서비스(관광, 휴양, 치유, 체험, 영감, 교육)로 나뉜다.

그간 우리가 자연이 주는 혜택에 무임승차를 했다면 이제는 서비스 구매를 위해 본인이 비용을 지불해야 하며, 이것이 생태계 서비스의 문화서비스에 해당한다. 관광, 휴양, 치유, 체험, 영감, 교육 등은 결국 건강과 삶의 질을 높이는 프로그램의 일환이다. 온천이나 산림욕, 일광욕, 걷기, 동물 키우기 등과 같은 요양의 형태, 치유 음식을 통한 건강증진, 생태관광, 그린투어리즘과 같은 레저의 형태가 모두 문화서비스에 속한다. 이 책에서 다루는 자연체험과 자연해설은 자연이 주는 문화서비스에 해당하며, 이들 모두 즐거운 요소를 내재하고 자연을 이용한다는 공통점이 있다.

자연 자체는 해설이 필요 없다

해설은 의미를 설명하는 것이지만, 단순한 설명이 아니다. 해설하고자 하는 자원의 의미와 가치를 참가자가 이해할 수 있도록 풀어서 밝히는 행위이다. 자연은 아름다움과 복잡함, 다양함이 공존하므로, 상호 간의 관계에 대해 묘사하거나 설명해야 한다. 그로 인해 그곳에 대한 호기심과 경이로움을 갖게 하고, 민감하게 느끼도록 도와야 한다.

그러나 사실 자연 자체의 아름다움은 별도의 해설이 필요하지 않다. 그저 일상에서 벗어난 기분과 자연에 있다는 것 자체가 강렬한 자연체험이 될 수 있다.

히말라야산맥을 배경으로 한 4천 m 고도의 짙푸른 호수가 보여주는 장엄한 경관에서, 가창오리 수십만 마리가 머리 위로 날며 내는 소리는 인간의 청각을 뒤덮는다. 넓은 운무의 바다를 내려다보는 산봉우리에서, 별들이 쏟아지는 밤하늘 아래에서, 산천이 온통 단풍 카펫으로 덮인 가을 산에서, 하얀 눈이 소리까지 집어삼킨 설경에서 자연이 발산하는 힘은 매우 강력하다.

이런 곳에서는 해설이 없어도 본래의 자연과 만나는 방법이 가장 좋다. 그저 천천히 자연을 걷는 것만으로도 자연해설의 가장 중요한 아름다움을 느낄 수 있다. 가능한 인공적 소음을 최

그림 2 금강 하구의 가창오리 군무@박청제

대한 줄여 자연이 가진 소리에 집중하게 하고, 자연과 인간이 교감할 수 있도록 돕는다. 자연을 정복의 대상이 아닌, 이해하고 적응하도록 한다면, 자연을 더 풍부하게 감상할 수 있다.

자연해설로 자연을 더 풍부하게 감상할 수 있다면

그러나 단순히 자연의 아름다움을 감상하는 것과 더불어, 자연에 사람이 관계하게 되면서, 생태와 문화가 연결되는 순간이 있다. 이럴 때 참가자들 무의식의 저변에서 높은 심미안을 끌어내는 작업이 필요하다. 해설사는 문화적·생태적 소양을 갖춤으로 인해, 자연과 문화가 접목되고 있음을 느끼게 해야 한다.

자연해설가라는 직업의 창시자라고 할 수 있는 Enos A. Mills(1870-1922)에 의하면, 자연 안내는 안내자도 선생님도 아닌 그 이상으로, 정보를 제공하기보다는 영감을 불러일으키는 것이라고 했다. 10대 중반부터 로키산맥 봉우리로 관광객을 안내했던 Mills는 로키산맥에 대한 정확한 정보를 제공하는 안내자였다. 또한, 이후 35년 이상 자연보호 운동가이자, 국립공원의 아버

더 자연스러운 자연해설: 자연의 언어는 자연해설사를 통해 의미가 된다

그림 3 거위벌레 요람

지로서 관광객들에게 해설의 기초가 되는 원칙과 안내 지침 등을 가르치는 교사였다. 그는 안내자이자 교사로서의 사명보다 더 중요한 것은 영감을 불러일으키기 위해 의미를 구성하는 과정이라고 했다.

해설사가 현장 답사로 발견하는 것은 생물학적 속성 이상일 것이다. 매년 같은 장소는 사계절과 하루 24시간 다른 모습을 보여준다. '그런 변화가 왜 생기는 것일까?'라는 질문을 하게 되고, 해설사는 그 질문의 해답을 찾아간다. 그간의 그곳에서 경험한 다양한 변화와 변화를 만들어낸 관계들이 답으로 향하는 요긴한 재료로 작동을 한다.

대상지에 그것이 존재하는 이유, 그것이 주변과의 관계, 더 나아가 그것과 인간과의 관계는 어떠한가? 자연에서 하나의 개체는 인간 영역에 적용할 수 없는 생존과 번식이라는 생태학적인 이해관계가 있다. 때문에, 서식처는 매우 중요하고, 안정적인 서식처의 확보는 인간의 간섭이 최소화되어야 하기에 늘 불안하다.

자연이 제공하는 장소에서의 해설 활동은 인간과 자연의 관계를 어떻게 설정하느냐에 따라, 해설사의 환경관에 따라 서식처에 대한 간섭의 수위가 결정된다. 해설은 대상을 이해하는 데 있어 다양한 아이디어와 생각을 불러일으키게 하는 설득 과정이자 의미를 구성하는 매개이다.

의미는 어떻게 구성되는가?

개가 사람을 무는 것이 이슈가 된 적이 있다. 개는 본디 무는 것이고, 실외에서 키우는 묶여 있는 개는 이방인들이 거리를 두었다. 어릴 적 키우던 개에게 물렸던 경험은 몇 번씩 있다. 그것은 일상적이었고, 당연하였다.

그러나 반려견이 일상이 되면서, 견주는 "우리 개는 순해서 사람을 물지 않는다."라고 말한다. 과거에는 개에 물려도 언론에 보도되지 않았던 사실이 지금은 사람이 상해를 크게 입으면

뉴스에 나온다. 이는 개가 반려견이라는 역할로 사람과 더불어 살게 되면서, 개가 문다는 현상이 은폐되었기 때문이다.

본질을 찾아가는 과정, 즉 현상을 그것답게 만드는 것이 곧 의미를 구성해가는 과정이다. 팔이 없어도 사람이지만, 영혼이 없으면 사람이 될 수 없듯이, 여러 개의 의미 구성을 통해 비로소 본질에 이르는 것이다. 그러나 사회적 상상력의 부재는 엉뚱한 담론을 형성하며 본질을 가리게 만든다.

우리의 농촌을 한번 들여다보자. 농촌의 젊은이들이 도시로 나가고, 갓난아이 울음소리가 끊긴 지 오래되었다. 농촌은 인구가 줄고 고령화되면서 미래가 없는 곳으로 그려지고 있다. 귀농, 귀촌, 마을 만들기 사업 등이 농촌을 살리는 방법으로 대두되고 있다. 그러나 이 해법에는 일할 수 있는 젊은이만 있지, 농촌을 지키고 있는 노인들의 역할은 없다. 예술가가 마을로 유입되고, 마을 자원을 운용하고 관리하는 시설이 들어오면서 농촌이 활로를 찾고 있다. 그러나 더 깊이 들여다보면 이미 농촌에는 그것들이 뿌리 깊게 존재했다.

과거 농촌에서 사는 사람들은 자연이라는 공간 안에서 농부이자 예술가였다. 나무를 베어와 땔감으로 사용을 했지만, 나무로 조각도 했고, 그림을 그렸다. 나무하고 농사짓고 베를 짜면서,

그림 4 고랑 선 곱게 갈아놓은 산밭(충북 옥천)

더 자연스러운 자연해설: 자연의 언어는 자연해설사를 통해 의미가 된다

시를 읊고, 노래했다. 장승을 만들어 세웠고, 한옥이나 초가 등 전통가옥을 남겼다. 일과 예술이 분리되지 않고 자연 속에서 공존했다.

현대인은 일과 휴식을 철저하게 분리하는 데 반해, 전통 사회는 노동과 여가가 분리되지 않았다. 일할 때 부르는 노래인 노동요가 일터에 존재했고, 겨울 긴긴밤 마실을 간 사랑방에 모여 앉아 수다 떨며 새끼를 꼬았다.

시골과 농촌 생활이 담고 있는 본질에 다가가기 위해, 그들의 역사를 헤아리고, 그 안에서 문화와 예술과 여가와 정신을 찾아가는 과정이 곧 농촌, 시골의 의미를 구성해가는 과정이다.

자연해설에서 의미를 부여한다는 것은

그렇다면 그 의미를 부여한다는 것은 무엇인가? 누군가는 이 장소에 대해 알고 싶어 할 것이다. 누군가는 오늘만큼은 특별하게 보내고 싶을 것이고, 누군가는 이 시간을 통해 지식을 쌓아 미래의 삶에 영향을 줄지 모른다는 기대감이 있다. 모두 현재의 프로그램을 통해 나를 보다 발전적으로 전향하고자 하는 의지가 있다. 이렇게 선택된 프로그램이라면, 해설사는 얼마나 무거운 부담이 있어야 하나. 남의 시간을 책임져야 하는 막중한 책임감이 느껴질 것이다.

그렇다고 해설사가 의미를 생산해내야 할 필요는 없다. 해설은 곧 탐방객과 자연을 연결하는 의사소통이고, 해설사는 그 매개자이다. 단지 참가자 자신이 의미를 만드는 협업의 과정에 참여하는 매개자로서 그 역할이 있는 것이다. 참가자 자신이 의미를 만들어갈 수 있도록 처음 방문한 곳에서 편안한 마음을 갖게 하고, 그곳에 대한 새로운 이해와 통찰력, 열광, 흥미를 불러일으키도록 도울 수 있다. 궁극에는 창의력을 끌어내어, 기후변화와 전염병 등 우리가 경험해보지 못한 지구적 숙제를 통합적이고 창의적으로 해결해내는 힘을 갖게 할 수 있다.

둘레길의 의미

제주 올레를 시작으로 지자체마다 둘레길이 춘추전국시대를 이루고 있다. 사라진 옛길을 복원하고, 현재 사용하는 길과 연결하며, 필요하다면 없는 길을 만들어 선형으로 잇고 있다. 길이 연결하는 마을과 마을에는 길의 방향을 나타내는 이정표가 세워지고, 마을 골목길은 벽화가 그려진다. 길을 홍보하는 리플릿에는 다양한 구간을 나눠 길의 이름과 총거리, 특징이 표시된다.

길은 먼 옛날부터 수렵과 채취·유목 등 생존하기 위해 존재했다. 이후 소금이나 비단 등 교역하고 유통하기 위해 머나먼 여정의 길들이 생겨났다. 때로는 전쟁과 통치를 위해 말이 달리는 길이 있었고, 교육을 위한 과거길, 건강과 관광을 위한 올레길, 둘레길에 이르렀다. 엄밀하게 둘레길의 시작은 구도와 순례, 성찰을 위한 길로 올라갈 수 있다.

이런 다양한 길 걷기 문화는 지역의 역사·문화·생태자원이 오랜 잠에서 깨어난 혁명과 같다. 광주 역사와 문화의 숨결이 깃든 선조가 다니던 광주 무등산 옛길, 퇴계 이황 선생의 발자취를 따라가는 안동 녀던길 등은 인물이 깨어난 예이다. 강원 철원의 DMZ 역사길을 쇠둘레평화누리길이라 명명하여 지역의 특성을 반영했고, 울진의 십이령바지게길은 울진의 간고등어와 소금의 길로 옛사람들의 문화를 반영했다. 길 걷기 문화는 길 이름을 통해, 지역의 방언이 전국으로 소개되거나, 고개 숙이고 있던 지역의 인문학이 재발굴되는 계기가 되었다.

한번은 군산 구불길 가운데, 구불 1길을 해설사 없이 트레킹에 참여했다. 금강 비단강길이라고도 명명한 이 길은 군산역을 출발해 금강 변 좌안[1]을 따라 상류로 올라가며, 비단처럼 펼쳐진 금강과 인접한 지역의 문화·생태·역사를 경험하는 길이다.

대전에서 출발해 군산역까지 기차 안에서 이 여행의 리더는 군산 구불길에 대한 정보를 말하지 않았다. 이 여행에 참여한 사람들은 그날 가는 코스와 총 걷는 길이, 종료시각과 비용이 여행을 결정하는 요인으로 그 정도는 이미 공지로 알고 있었다. 금강 변을 걸을 때 바닷물이 들어오고 있어 하굿둑 아래에는 드러났던 갯벌이 줄고 있었다. 갯벌에는 도요새와 오리류들이 군락을 이루며 앉아있었다. 같이 참여한 지인 해설사 몇 분과 나는 행렬의 뒤쪽에서 걷고 있었다. 우리는 본업이 해설사인지라 갯벌의 모습을 관심 있게 바라보았지만, 이 물새들에 관심을 두는 이는 드물었다.

금강 하굿둑에 이르자, 강과 바다를 막은 하굿둑의 기능과 조성 배경, 어도의 기능에 대해 알려주는 사람이 없었고, 궁금해하는 이도 없었다. 하굿둑을 이해할 수 있는 자기안내식 해설판[2]이 있어도 읽으려 관심 두질 않았다.

바삐 걷던 일행이 오봉산 아래 성덕저수지를 지나는 순간, 수십 마리의 큰 고니들이 날개를

---

1) 하천용어로 강 하류를 바라보며 오른쪽을 우안, 왼쪽을 좌안이라 한다.
2) 해설사를 동반하지 않는 간접해설 방법으로, 인쇄물, 안내판, 해설판 등 방문객이 스스로 정보를 습득하고 체험하도록 하는 해설이다.

그림 5 고니가 탐방객들에 놀라 날아오른다(성덕저수지)

펄럭이며 수면을 박차고 날아오르고 있었다. 큰 고니들이 쉬고 있는 장면을 발견한 트레킹 일행이 환호를 지르며 호숫가로 달려갔기 때문이었다.

일행은 일제히 카메라 셔터를 눌렀고, 큰 고니가 떠나간 하늘 쪽을 한동안 바라보며, 장관을 목격했다는 흥분을 가시지 못하였다. 그리고 아무 일 없었다는 듯이 점심 식사지를 향해 걸음을 재촉했다.

해설사로서 이 장면은 가히 충격이었다. 길의 조성과 관리는 지자체의 몫이지만, 시설물 등의 물적 관리뿐 아니라, 길의 홍보와 이해를 돕는 리플렛, 해설사 배치, 프로그램 운영 등이 모두 길의 관리에 포함되어야 한다.

이 군산 구불길이 가진 특징은 금강의 생태자원이라고 홈페이지에 명백하게 쓰여 있다. 그렇다면, 겨울철에 겨울 철새를 만나는 것에 대한 이해, 이들을 대할 때 어떤 배려가 필요한가를 리플릿이나 자기안내식 해설판에 명시하면 좋았을 것이다. 필요하다면 해설사를 한시적으로 거점 배치하거나, 탐조대나 가림막 설치가 되어야 한다. 작금과 같은 상황이 겨우내 반복된다면, 과연 큰 고니들이 이곳을 찾을 수 있을까?

물새들은 학습 능력이 뛰어나서 자신에게 위해를 미친다고 여기는 장소는 거듭 찾는 것을 꺼린다. 과거에 공영 방송의 예능 프로그램에서 유명 연예인이 금강 하구의 가창오리 군무를 동영상으로 담는 미션을 했다. 그 방송이 나간 후, 금강 하구의 가창오리 개체 수는 급감했고, 한동안 회복되지 못했다. 대륙을 오가며 생애사를 완성하는 철새에 대한 생태적 이해가 부족했고, 생명을 연예오락프로그램에서 유희적인 소재로 다룬 방송의 철학 부재가 몰고 온 참사였다. 티브이 프로그램 방영 후, 사람들은 아무 때나 찾아와 겨울 철새의 휴식을 방해했고, 심지어는 군무를 보겠다고 제방에서 자동차 문을 팍팍 닫거나 경적을 울려대고, 공포탄을 쏘아대는 일을 아무렇지 않게 행했다.

　장소와 그 자원에 대한 관리적 측면에서 해설을 통해 자원의 가치를 이해시키는 일은 매우 중요하다. 이로써, 자원에 대한 보호 의식을 높이는 성과를 거둘 수 있기 때문이다.

표 1 길의 특색이 드러나지 않는 둘레길의 마을벽화(지리산둘레길과 군산구불길)

PART 2

본격! 자연해설사
되기

제1장
체험의 의미

경험과 체험의 차이

사람은 시간이 지나며 나이를 먹는다. 나무에 나이테가 있고, 물고기에 이석이 있듯이 사람의 나이는 그 사람의 역사이다. 오래된 사람, 즉 나이를 많이 먹은 사람은 박물관과 같다고 했다. 그래서 사람이 죽으면 박물관 하나가 사라졌다고 말한다. 그렇다면 사람 박물관은 무엇으로 채워졌을까?

우리의 뇌가 기억하는 데는 한계가 있어서, 유년의 기억부터 현재까지 전부를 기억할 수는 없다. 돌이키면 단편 단편이 모여 파노라마처럼 전개된다. 그 파노라마의 영상들은 재차 연상을 통해 살이 붙게 된다. 기억 너머 망각되려 하는 파편들이 살점처럼 붙어 되살아난다. 그것은 수많은 경험의 소산이다.

개인에게 특별하고 의미 있는 경험들은 오래도록 남아있지만, 대부분은 기억의 편린만이 남을 뿐이다. 몇 년도 아침에 무슨 반찬을 먹었는지 기억하는 사람은 거의 없다. 또 스물일곱 살 오늘, 잠을 몇 시에 잤는지 기억하기도 어렵다. 이는 평상시에 규칙적인 습관의 반복은 무의식 중에 일어나는 일이므로 기억의 대상이 아니다. 그러나 우연히 맞이한 아주 특별한 일, 누군가와 떠났던 좋았던 여행, 풍경, 추억은 군이 잊으려고 해도 뚜렷한 기억으로 남는다. 이런 기억들은 무의식의 영역이 아닌, 체험되어 나와 관계 맺기를 통해 의미가 부여된 경험이다.

한번은 답사 중 시골 마을의 외양간을 지나다가 산고에 어려움을 겪고 있는 소를 보았다. 홀

더 자연스러운 자연해설: 자연의 언어는 자연해설사를 통해 의미가 된다

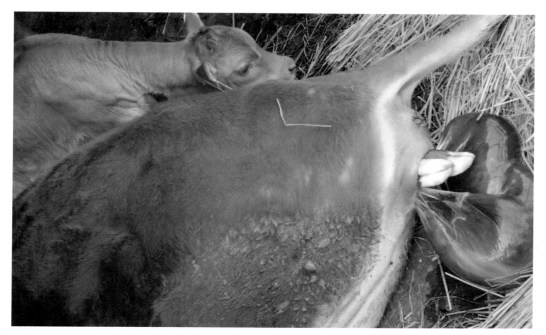

그림 1 출산이 임박한 소(청양군 남양면 백금리)

로 소 몇 마리를 키우시는 할머니는 수의사가 방금 다녀갔는데, 출산이 조금 걸릴 것 같다며 조짐이 오면 연락하라고 했다 한다. 그런데 수의사가 가자마자 출산이 시작되었는데, 이 소가 아무리 힘을 줘도 송아지가 나올 기세가 없는 것이다. 할머니가 송아지 발목을 당기다 힘에 겨워, 지나는 나에게 "젊은 처자, 나 좀 도와줘, 수의사 금방 가서 언제 올지 몰라"라며 나에게 송아지 발목을 잡아당기라는 것이었다. 하는 수 없이 해본 일 없는 소의 출산을 돕게 되었다. 그때, 나는 양수의 냄새가 얼마나 신선한지, 부러질 것 같은 송아지의 발목, 젖은 송아지를 수건으로 닦아주고 어미 소에게 몰아주었던 것, 송아지가 금방에 어영차 일어서는 모습, 잠깐 한눈팔고 온 사이 다시 와 보니, 송아지가 벌써 어미젖을 빨고 있는 모습을 생생히 겪었다.

　체험은 현재 일어나는 것으로 축적된 것이 아닌 반면, 경험은 시간의 역사를 말하는 총체적 영역이다. 경험은 체험 후 성찰을 통해 자리 잡게 되는 것이다. 내가 그 사건과 장소, 대상에 의미를 부여한 체험은 경험의 지층이 되어 쌓이는 것이다.

　경험이 대상과 일정한 거리를 두는 것에 비해, 체험은 대상과의 직접적인 접촉으로 이루어진다. 대상이 가진 다양한 측면과 보이지 않는 부분까지 이야기 나눌 수 있는 체험은 경험과 지식의 지층을 더욱 두껍게 할 수 있다. 체험에 기반을 둔 경험적 지식은 고정 관념화되기 때문이다. 내가 그날의 경험 이후 모든 생명의 탄생에 경건함이 더해지는 것처럼.

그림 2 저자가 소 출산을 돕고 있다

해설 영역에서의 체험

체험은 해설의 한 방법으로, 참가자에게 생태적 감수성을 자극하고, 행위를 통해 배우는 경험의 기회를 얻게 한다.

해설이 정보와 의미를 전하는 것일 때, 그 수단은 언어에 국한하지 않음을 알 수 있다.

체험을 위해서는 장소가 제공되어야 하고, 장소를 기반으로 한 정교한 프로그램이 마련되어야 한다. 해설사가 대상자에게 한 방향으로 정보를 주는 데 그치지 않고, 해설사와 대상이 서로 소통하며 교육되어야 한다. 대상의 경험을 최대한 끌어올릴 수 있는 체험은 다양한 활동이 있다.

오감을 통해 자연을 자연스럽게 체험하는 감수성을 증진하는 활동이다. 계수나무 잎에서 나는 향긋한 솜사탕 내음, 첫사랑처럼 달콤한 향인 줄 알고 맛보았지만 금방 써서 뱉어버린 라일락 잎, 꼬투리가 터지면서 온몸에 전율을 일으키는 물봉선 씨앗, 바닷물에 구르는 몽돌 소리 등이 있다.

자연을 소재로 창작하는 만들기 활동은 주로 예술 활동 영역이다. 목공이나 씨앗, 열매 등 자연물로 작품을 만들거나, 짚이나 갈대 등의 수공업, 풀피리 같은 악기를 만들 수 있다. 만들기는 협응력을 키우는 과정에서 오감을 활용해 감수성이 증진될 수 있다.

의식주를 중점으로 하는 생활체험 활동은 옛날 생활체험 영역이다. 땔감을 해서 아궁이에 불을 지펴 구들방에서 잔다. 모내기와 피뽑기, 추수하기와 같은 농사의 전 과정에 참여하고, 직접 타작한 쌀을 씻어 냄비에 밥을 해 먹는다. 짚으로 새끼를 꼬아 장승목에 달 주저리를 만들어보거나, 문틀에 창호지를 바르며 장식으로 단풍잎을 덧댄다. 떡메치기, 차 만들기, 송편 빚기, 두부 만들기 등 의식주 생활체험은 곧 음식 만들기 활동과 병합된다.

관찰을 통해 자연을 배우는 학습 활동은 봄에 양서류 집중 관찰, 루뻬로 식물 관찰, 탐조, 탐사, 에코다이브 조사, 하천 자연도 평가, 수질 조사 등 과학적 지식을 요구하는 활동이다. 또

그림 3 갈대와 억새로 만든 부엉이

한, 동물 먹이 주기, 나무 심기, 잡초 뽑기, 주말농장, 상자 텃밭, 동식물 키우기, 어류 및 패류 등 관찰을 위한 채집활동이 모두 포함된다.

환경 개선이나 환경문제 해결을 위한 실천 활동은 이슈 파이팅, 생태 모니터링, 행정에 정책 제안, 홍보 및 감시 · 계도 등이다. 이러한 체험을 통해, 현상에 내재한 의미와 관련성이 드러남으로써, 참가자는 자원의 의미와 가치를 깨닫게 된다.

체험 활동은 다양한 영역에서 이루어진다. **자연관찰 영역**과 **예술 활동 영역**(만들기, 글쓰기, 동화구연, 노래하기, 춤추기 등 예술 창작하는 행위), **신체 활동 영역**(자연에서 호흡하기, 명상, 밤으로의 여행, 산책, 등산, 여울 걷기 등), **음식 만들기 영역, 옛날 생활체험 영역, 행사 영역**(영화 보기, 연극 하기, 학예 발표하기), **레크리에이션 영역**(자연물로 게임 하기, 낙엽 더미에서 뒹굴기, 모둠별 활동 및 전체 활동), **농수산업 영역, 야외활동 영역**(뗏목 타기, 나무 그네 타기, 물놀이, 물고기 잡기, 고무줄놀이) 등에서 체험이 이루어진다.

여울 건너기 체험

사람들은 강 혹은 하천에 신발을 벗고 들어가는 것에 관심이 없다. 산업화 이후, 우리의 강은 온갖 쓰레기와 오·폐수가 집합하는 하수구 혹은 수로에 지나지 않았다. 오죽하면 다리 밑에서 주워왔다고 했을까. 그만큼 다리 밑은 마구 버린 출처 미상의 것들이 모여있는 곳이었다. 쌓여 방치된 쓰레기는 비가 오면 강으로 흘러들었다. 홍수는 쓰레기를 수거해가는 자동청소기였다. 당연히 오염된 하천에 발을 들여놓는 행위는 상상하기 힘들었다. 급기야 사람들은 하천을 덮거나 하상도로를 놓아 사람과 하천은 단절되었고, 하천은 점차 사람들과 멀어져갔다.

그림 4 금강 트레킹의 여울 건너기 체험(충남 금산군 수통리)

더 자연스러운 자연해설: 자연의 언어는 자연해설사를 통해 의미가 된다

그러나 최근 생태하천 복원사업이 일면서 하천은 다시 사람들 품으로 돌아왔다. 여울[1]이 살아나고, 물고기가 돌아왔다. 사람들은 하천을 따라 산책을 즐기거나 운동을 한다. 하천은 도시의 바람길이자 녹지로서 중요한 생태축을 형성하며 사람들의 관심 안으로 들어왔다.

그러나 여전히 물가에서 바라보기만 할 뿐, 하천에 들어가는 것은 관습상 터부시되고 있다. 물가에 앉아 발을 담그는 행위가 그나마 적극적인 친수 행위일 뿐이다.

하지만 우리 민족은 강과 친숙한 민족이었다. 강은 오랫동안 사람들이 터전을 이루고 살았던 삶터로서 문화의 시작이자, 역사를 이룬 근간임은 말할 것 없다. 강물을 길어 먹고, 강물로 씻었으며, 강에서 먹을 것을 구했다. 강은 놀이터이자 생활의 터전이었다.

이제 그 강으로 돌아가고자 하는 열망을 담아 여울을 건너는 시도를 해보았다. 건널 수 있는 적당한 물 높이는 무조건 건너보자. 그로 인해 우리가 담쌓고 있던 강의 한계를 허물어보자. 금강을 따라 걷는데 그치지 않고 적극적으로 강을 건너보는 체험을 통해서 우리는 강이 우리에게 전한 열한 가지의 의미를 발견할 수 있었다. 이것은 해설의 영역인 체험을 통한 의미의 발견이었다.

여울 건너기 체험을 통한 11가지 의미의 발견

첫째, 여울 건너기에는 두려움과 재미가 공존한다.

한 번도 건너보지 못한 강을 건너는 것은 두려움이다. 그러나 두려움을 이겨내고 강을 건너는 순간, 강은 두려움의 대상이 아니라는 것 자체가 놀라움이다. 그리고 이런 새로움은 재미 요소를 갖게 한다.

둘째, 여울 건너기는 즐거운 고통이다.

여울을 건널 때, 가능한 신발을 벗는다. 내 발 안 아프려고 천천히 걷지만, 이런 독특한 경험은 위락적 요소가 있어 즐겁다. 그러나 여전히 발바닥을 찌르는 고통이 있지만, 능히 견딜 수 있는 즐거운 고통이다. 신발이라는 문명을 새삼 느끼는 순간이다.

---

1) 여울은 강바닥이 얕은 곳에서 낙차에 의해 물이 떨어지는 곳이다. 이 과정에서 물방울이 터지며 톡 소리가 나는데, 이 소리의 합이 '졸졸졸'이라 표현된다. 여울 소리는 떨어지는 물의 양과 속도, 낙차에 따라 소리가 달라질 수 있다. 물방울이 바닥에 부딪혀 터지면서 기포 속에 산소가 물에 녹아드는데, 여울은 따라서 용존산소가 풍부하다. 용존산소가 풍부한 곳은 물고기들의 산란처로 이용되고, 물고기의 알이나 치어를 먹기 위해 상위 먹이사슬 체계가 잘 발달한 곳이기도 하다.

셋째, 여울에서는 어린 시절로 돌아간다.

여울에서는 남녀노소가 모두 하나가 된다. 어릴 적 강을 건넜던 기억이 있다면 어린 시절이 떠오를 것이다. 그런 경험이 없다 해도, 모두가 놀이터를 대하는 순수한 어린이가 된다.

넷째, 여울에서는 편안하다.

맨발로 물속을 걸으니 물살이 정강이를 어루만진다. 핸드폰 등의 중요한 소지품은 안전하게 방수 장치를 했다. 물에서 넘어질까 봐 여전히 긴장이 존재하지만, 물속에 있으니 마냥 마음이 편안하고 자유롭다.

다섯 번째, 여울은 중독성이 있다.

11월 한중간에 시린 상류의 계곡을 건너본 사람들은 뼈를 깎는 물속 고통이 무엇인지를 알고 있다. 그런데도 그 시린 고통이 주는 재미 요소가 크기에, 이듬해 봄, 또다시 그 여울을 건너고자 하는 욕망이 인다. 이는 중독성이 있음을 증명하는 것이다.

여섯 번째, 여울은 생명이 있다.

여울을 건너는 동안, 발바닥 디딜 곳을 살피고자 물속 바닥을 주시한다. 돌에 새까맣게 붙은 다슬기를 밟아야 하나 고민하고, 내 정강이를 스쳐 도망가는 작은 물고기를 만난다. 바닥은 규조류로 뒤덮여 매끄럽고, 물풀이 물살에 휘날리며 춤춘다. 물속은 지금 생명의 서식공간으로써 나로 인해 잠시 평화가 깨지는 순간이다.

물 밖은 어떠한가? 강으로 들어오면서 만난 갈대와 억새의 날쌘 줄기가 내 팔뚝을 할퀴고 갔다. 하천의 모래밭과 자갈밭은 언제 지나갔는지 모를 야생동물의 발자국과 배설물 흔적이 잦다. 크기와 모양도 다른 다양한 새 발자국이 진흙에 무늬를 놓았다. 물 빠진 곳에 드러난 호박돌 표면을 뒤덮고 있는 미세한 물속 생물들의 흔적이 허다하다. 사람들이 여울을 건너고자 발을 들여놓은 강 유역은 생명의 서식공간임을 확인한다.

일곱 번째, 여울 앞에서는 자연에 순응해야 한다.

사전 답사를 통해 이미 물 깊이와 물의 양을 가늠했지만, 기상변화가 있을 시 여울 앞에서는 포기할 줄 알아야 한다. 무릎보다 높으면 안전상 건널 수 없음을 알고, 자연을 거스르려 하지

더 자연스러운 자연해설: 자연의 언어는 자연해설사를 통해 의미가 된다

않는다. 자연 앞에서 순응함으로써, 질서와 순리를 존중해야 함을 알게 된다.

여덟 번째, 여울은 사람을 협동하게 한다.

모든 사람이 신발을 벗고 여울을 건널 때, 자칫 균형을 잃거나 하여 넘어질 우려가 있다. 오랜 경험상 한 번도 넘어지지 않았던 이유는 모두가 손을 잡고 건넜기 때문이었다. 스틱이 있어도 접어 배낭에 꽂도록 하고, 신발은 양쪽 끈을 이어 묶어 목에 걸든지 배낭에 매달았다. 양손은 옆 사람과 서로 잡도록 하여, 서로를 부축하고 의지하는 중요한 축으로 이용했다.

10여 년의 여울 트레킹 이래, 한 번도 여울에서 넘어진 적이 없었던 것은 서로에게 의지하고 서로에게 힘이 되었던 협동이 아닌가. 물속에서 보폭이 빠르면 기다려주는 배려, 옆 사람의 발자국과 나의 발자국을 맞춰가며 다 함께 속도를 맞춰나가는 조화, 그것을 해내고 다 건넜을 때 느끼는 쾌감은 약속이나 한 듯이 손뼉을 치며 서로를 격려하는 것이었다. 이로써 멤버십이 형성되는 순간이다.

그림 5 충남 금산군 천내리 용화여울에서 금강 트레킹의 여울 건너기 체험 @김성선

아홉 번째, 여울은 건너면서 옛사람들을 생각한다.

여울목은 하천이 형성된 이래 변치 않고 여울을 낳는다. 행여 사람이 변형한 물길도 시간이 지나면 제 모습을 찾으려고 노력한다. 물은 미치는 힘대로 움직이며 모래를 패이게 하거나 쌓아놓는다. 물은 역동적으로 흐르며 살아있음을 증명한다.

과거에 이 길을 따라 건넜을 사람들, 여울은 마을과 마을을 잇는 '소통로'로서 길이기도 했다. 여울에서 바짓단 걷고 학교에 가고, 시장에 가고, 읍내로 향했을 것이다. 지게를 지고 건넜거나 소가 끄는 수레도 지났을 것이고, 소 시장으로 향하는 소 떼도 이 여울을 건넜을 것이다. 여울을 건너면서 옛사람들을 생각나게 하는 대목이다.

그림 6 여울 건너기 체험(대전 갑천)

더 자연스러운 자연해설: 자연의 언어는 자연해설사를 통해 의미가 된다

열 번째, 여울은 강을 알게 한다.

내 발이 여울에 담가지니, 오감이 작동한다. 물의 온도가 어떤지, 물이 맑은지 탁한지, 물에서 냄새가 나는지, 물속엔 어떤 생물이 사는지, 바닥은 어떤 느낌인지, 바닥 성상은 모래인지 자갈인지, 강을 들어가지 않고 단순히 바라봤다면, 알 수 없었을 것들을 여울을 건너며 알게 된다. 이미 강의 내장을 보고 있는 것으로써, 그 누구도 강의 속살을 이만큼 볼 수는 없다.

열한 번째, 여울은 자신을 돌아보게 한다.

여울을 건너는 동안 당장 나의 과제, 나의 스트레스는 잊을 일이다. 그리고 이 강이 주는 느낌을 그간 모르고 살았음을 인식한다. 이 강이 주는 경험이 대단히 특별하다면, 이 느낌이 들게 하는 강의 수많은 여울이 파괴되면 안 됨을 알게 한다. 그리고 또 다른 강을 지날 땐 대상화된 강으로 보기보다는 여울을 헤아리고, 그 여울이 사라지지 않도록 내가 관심을 가져야 함을 알게 한다. 여울 건너기는 나를 성찰하는 행위이자 장소이다.

여울 건너기 체험을 통해 수집된 후기를 분석한 결과, 열한 가지 공통으로 나타나는 감정의 발로를 통해 여울 건너기가 의미하는 것을 알 수 있었다. 여울 앞에서 여울의 개념을 굳이 설명하지 않아도, 체험을 통해 이미 참가자들은 여울과 강의 의미를 알게 된 것이다. 해설은 굳이 말로 하지 않아도, 해설사가 의도하는 체험을 통해 의미를 구성하고 강의 가치를 알게 된다.

해설사가 갖추어야 할 소양, 감수성

감수성이란?

　'감성이 타고났다'라는 말이 있다. 타고난 개성과 센스가 자기표현을 통해 드러나게 되면 다른 사람과 차별화됨으로써 의사소통에 긍정적인 영향을 미친다. 감성은 오감의 감각기관으로

그림 1 경작지에서 자연에 대한 심미안을 엿볼 수 있다. (김제의 벽골제 인근 하중도)

느끼기 때문에 대상에 대해 이해하고 알기 쉽다. 감성 콘텐츠와 예술 등은 지적 호기심을 충족시켜 주므로, 문화를 키워내는 힘이 된다. 감성은 태어나고 자란 환경에 의해 형성되고, 문화, 풍습, 전통, 국민성, 가족, 교육 등에 의해 다양하게 발달한다. 따라서 감성은 좋다 나쁘다 판단할 수 있는 것이 아니다. 감성과 비슷한 말로 감수성이 있다. 감수성은 자극을 받아들여 느끼는 성질이나 성향으로, 민감성이라 표현되기도 한다. 민감성은 재빠르고 날카롭게 느끼는 성질을 말한다.

오늘날 생태계의 불균형과 떨어진 생명 가치에 대한 위기는 곧 인간성 상실로 이어졌다. 이는 가정과 사회 전반에 삶의 질 향상을 위한 자기실현의 요구와 민감성에 영향을 주고 있다.

감수성은 다문화 감수성, 인권 감수성, 도덕적 감수성, 생태적 감수성 등 각 분야에서 감수성은 널리 쓰이고 있다. 각 분야에서 상황을 지각하고 해석하며 인식하고 판단하는 심리적 과정으로 이해할 수 있다.

해설사는 감정이입과 같은 정서적 요소가 포함된 감수성이 높을수록 자연에 대한 인식과 해석, 판단에 유용하게 작용한다. 감수성은 의사소통에 긍정적인 도구가 된다.

고향에 대한 감수성

그림 2 영동군 가산면 높은 장선이 마을의 농가 안방

이런 방에서 살았던 경험이 있는가? 우리의 외가를 연상케 하는 분위기이다. 지금은 많이 사라진 풍경이지만, 시골 마을의 혼자 사는 노인들의 방을 들여다보면, 대부분 이런 모습을 고수하고 계신다. 객지에 있는 자식들은 어머니가 생활하시기 편하도록 주방과 화장실, 마루, 밀장문 등을 뜯어고쳐 드린다. 부모는 맘 한편에 내가 살면 얼마나 사느냐고 놔두라고 하면서, 마지못해 개조를 따른다.

방 안에는 몇 개 안 되는 세간살이지만, 이것은 부모님의 역사다. 얼마 안 남은 생의 희망이라면 자식 손주 잘되길 바라는 마음 뿐, 할머니가 더 누릴 영화는 없다. 어머니가 시집올 때 해온 재봉틀은 이불 올려놓는 용도로 쓰이지만, 할머니가 시집올 때, 친정엄마가 해주신 보물 1호였을 것이다. 벽에 빼곡히 걸린 액자 속 사진들은 첫째부터 막내까지 결혼할 때 찍은 사진과 그 자식들이 낳은 손주들의 백일 사진, 돌 사진 그리고 증손주의 백일사진까지 가득하다. 몇 해 전에 어떤 자식이 달아드렸는지 모를, 어버이날 카네이션은 빛바랜 채 벽에 매달려있지만, 자식이 준 선물이라 버리지 않는다. 안방과 윗방을 구분하는 벽 천장에는 형광등을 반쪽씩만 나눠 비출 수 있게 했다. 안방과 반쪽씩 나눠 비추던 윗방은 그 많은 형제가 어깨를 맞대고 촘촘히 누워 자던 방이 아니었나. 겨울에는 짚으로 짠 고구마 광이 방바닥의 반을 차지해서, 형제들은 더 달라붙어 자야 했고, 겨우내 방에서는 흙냄새가 났다. 사진 한 장에 우리의 어린 시절과 나의 형제들, 어머니와 아버지가 모두 들어있다. 사진 속 이 방에서 나의 어린 시절과 나의 어머니 아버지를 똑같이 생각할 수 있을 것이다.

낡고 오래된 것은 결코 지저분한 것이 아니다. 냄새날 것 같아서 바꾸고 없애야 하는 것이 아니다. 오래된 것은 역사이고, 이야기이다. 저 방에서 이루어진 수십 년 어머니의 역사가 있고, 그 방에서 나고 자란 우리들의 이야기가 있다. 티브이, 액자, 이불, 어떤 것이고 이야기 없는 것이 없다. 따라서 해설사는 오래된 것, 낡은 것을 이야기 자원으로 바라보아야 한다. 그것들이 가진 의미를 찾아내는 것은 그것들을 따뜻하게 바라보는 것에서 시작할 수 있을 것이다. 오래된 것에 따뜻함을 느끼는 것이야말로 감수성이 풍부하다고 표현할 수 있겠다.

표 1 영동군 양산면 가선리 높은장선이 마을 농가의 오래된 생활 도구

들풀에 느끼는 생태 감수성

　가을이면 하천과 들녘의 햇빛에 반짝이는 갈대와 억새의 풍경을 보기 위해 많은 이들이 찾는다. 가을의 정점이 단풍이라면, 늦가을의 정점은 낙엽 카펫과 솜털이 날리는 은빛 갈대가 아닐까? 수많은 갈대와 억새 군락이 빛에 반짝일 때, 그 하나하나 꽃으로 피어나 씨앗을 날리는 갈대와 억새를 자세히 바라본 적이 있는가?

　갈대와 억새의 차이를 비교하고자, 잎맥과 잎자루를 주로 살핀다. 이들이 꽃을 피우기 시작하는 시기에 자세히 살피면, 억새는 줄기 끝에서 꽃이 똑바로 올라오고, 갈대는 반이 접혀서 올라온다. 갈대가 반이 접혀 올라오다 보니, 줄기 끝 좁은 대공에서 꽃이 나오기란 쉽지가 않다. 따라서 꽃이 미끄러지듯 빠져나오기 쉽도록, 대공에서 끈적끈적한 액체를 함께 내어준다. 새벽녘, 갈대꽃이 올라온 모습은 모두 제각각이다. 어떤 것은 아주 조금, 어떤 것은 반쯤 올라왔고, 어떤 것은 거의 올라와 왔다. 대부분 거미줄 같은 실이 있으며, 그 실에는 지나던 곤충이 붙어

그림 7 갈대의 꽃이 올라오는 모습

있는 것을 볼 수 있다. 흔히 거미줄이라고 여기겠지만, 이는 줄기 끝에서 올라온 액체가 굳어서 생긴 실이다. 꽃이 좁은 대공에서 올라오며 연출하는 모습은 태아가 엄마의 자궁에서 양수가 터지면서 태반을 뚫고 나오는 모습과 흡사하다. 줄기 끝 대공은 그렇게 안간힘을 내며 꽃을 밀어낸다. 꽃은 힘이 부쳐서 쉬엄쉬엄 몸을 드러낸다. 반으로 포개졌다가 세상에 나와 제각각 하늘 향해 맘대로 이삭을 날리는데, 해가 중천에 떠오를 때쯤이면 이삭에 묻은 축축한 액체는 마치 잠자리 우화하듯 바짝 말라 있다. 그리고 보랏빛 윤기 나는 머리칼이 햇빛에 찬란하게 빛난다. 아기가 처음 태어나면 붉은 것처럼, 갈대의 꽃도 보랏빛으로 태어나 점차 은빛으로 변신하는 것이다.

갈대밭 샛길을 걷다가 무심히 꺾기도 하는 하찮은 갈대꽃은 줄기 대공이라는 엄마가 안간힘을 내어서 밀어낸 산물이다. 이렇듯 미물도 태어남은 숭고한 것이며, 세상에 하잘것없지가 않다. 따라서 생명은 소중하다는 표현도 부족함이 많다. 생명은 경외 그 자체이다. 그 경외의 대상을 우리가 어떻게 단편적 정보로만 대할 수 있겠는가.

농촌에 느끼는 생태 감수성

농사를 짓는 집에서 태어난 사람은 자라면서 부모님의 일상을 눈으로 지켜보았을 것이다. 봄이면 어떤 씨앗을 뿌릴까 두 분이 안방에서 이야기 나누시고, 여름이면 어머니는 새벽 밭을 갈러 나가셨고, 가을이면 추수하느라 일손 달려 점심 끼니도 거르셨다. 겨울에는 쉬지 않고 사랑방에서 새끼를 꼬던 아버지를 기억할 것이다. 때로는 장마에 논을 다녀오신 후 한숨짓는 것을, 풍년이 들면 부모님 만면에 미소 가득한 모습을 보았을 것이다. 자연이 허락하는 대로, 자연의 뜻에 거스르지 않았던 부모님의 삶을 보고 배운 사람은, 누가 가르치지 않아도 자연이 그러하

그림 8 소여물을 주기 위해 작두질하는 모습(금산 건천리 암삼 마을)

다는 것을 체험한 것이다.

소 꼴 베러 가서 동생 돌보는 일 도피 삼아 언덕에 누워 바라보던 양털 구름을 기억하는가. 고무신에 가득 담았던 냇가의 송사리들, 학교에서 잔디 갖고 오라 하니 친구들과 공동묘지 떼잔디 뜨러 보리밭 길을 걸어가던 추억이 있다. 자연 속에서 자연과 벗하며 자연이 소재가 되었던 경험이 많을수록, 시각 촉각 청각 미각 후각을 통해 주변에 대한 감수성이 예민해진다. 이는 계획하고 준비하고 판단할 수 있는 능력을 함양시켜 감각과 지각능력을 증가시킨다.

그림 9 두꺼비의 알

두꺼비로 느끼는 생태 감수성

자연에서 봄은 생명이 움트는 시기이다. 눈에 보이든 안 보이든 에너지를 느낀다. 언 땅에 납작 엎드려있던 로제트식물도 기지개를 켜고, 겨우내 메마른 가지의 눈에서 안토시안 색소를 한껏 담은 여린 잎들이 빠끔히 머리를 내민다. 이어 연둣빛 아기 잎들이 하얀 솜털을 입고 물오른 가지에서 아장아장 빠져나온다. 사람의 몸보다 더 먼저 봄을 알아채고 움직이는 나무의 변화에 놀라움을 금치 못한다. 얼음 얼었던 웅덩이가 봄기운에 녹아들면, 웅덩이 가장자리는 질퍽해지고, 웅덩이는 두꺼비와 산개구리들이 잔뜩 산란해놓았다. 기포 같은 산개구리 알들이 물 위에 산재해 있고, 물에 잠긴 썩은 나뭇가지와 돌에 투명한 젤리 속에 검은 점들을 채운 두 줄의 알덩이들이 매달려있다. 도롱뇽의 알이다. 검은색 진주가 두 개씩 이어진 긴 목걸이가 한해 살고 드러누운 부들가지 위에 걸쳐져 있다. 두꺼비의 알이다. 앞으로 이 작은 웅덩이에서 벌어질 봄날 두어 달간, 변화무쌍한 움직임을 살펴보는 것도 좋은 자연관찰이 될 수 있을 것이다.

산란하고 사라져버린 두꺼비는 또 언제 볼 수 있을까? 아마도 내년 봄에 웅덩이로 다시 내려올 때나 가능할 것이다. 산란을 위해 산에서 내려올 때, 덩치가 수컷보다 몇 배나 큰 암컷이 수컷을 등에 태우고 내려간다. 산에서 내려와 알을 낳을 수 있는 물웅덩이를 향해, 물 냄새를 맡으며 간다. 가는 길에 펜스가 쳐져 있으면 수 킬로미터를 돌아서 가는 것을 청주시 구룡산에서 원흥이방죽으로 내려오는 두꺼비를 통해 실험했다. 알에서 깨어난 새끼 두꺼비의 엄청난 군락은 엄마가 사는 산으로 기어 올라갈 때, 엄지손톱만 한 크기로 움직인다.

최근 도시화가 가속화되고, 물웅덩이가 택지 개발로 인해 매립되면서, 산란기에 물웅덩이로 모여드는 두꺼비들의 로드킬을 자주 발견한다. 비단 두꺼비가 아니더라도, 도로를 횡단하던 야생동물이 자동차에 치여 도로에 주검으로 남아있는 모습을 보는 것은 드문 일이 아니다. 이런 로드킬을 발견할 때, 우리는 어떤 생각을 하는가?

도로에서 생명의 주검을 보면 우선 비껴가고자 한다. '징그러워서 쳐다보기 싫다. 지저분하다. 무섭다'와 같은 부정적인 정서가 압도적이다. 그러나 우리가 로드킬을 대하며 가져야 할 마음가짐은 미안함과 생명에 대한 경외심이다. 살고자 하는 본능적 생명의 몸짓에 돌을 던지는 자 누구이던가.

두꺼비는 인문 사회적으로 우리에게 어떤 존재인가? 두꺼비는 언뜻 보면 등이 울퉁불퉁해서 잘생김의 반대로 형상화한다. 그런데도 갓난아기가 태어나면 우리는 두꺼비에 비유한다. 떡두

그림 10 산란을 위해 이동하는 두꺼비 암컷과 암컷 등에 올라탄 수컷

더 자연스러운 자연해설: 자연의 언어는 자연해설사를 통해 의미가 된다

꺼비같이 잘생겼다고 한다.

동화에서 두꺼비는 어떠했나? 콩쥐팥쥐 이야기에서 콩쥐는 어머니가 시킨 대로 깨진 항아리에 물을 가득 채워야 했다. 이때 깨진 독을 막아준 동물이 바로 두꺼비였다. 과거 두꺼비는 우리의 재래식 부엌에 어머니와 평생을 같이 했던 반려동물과 진배없었다. 뒷다리로 부엌 흙벽의 구석에 구멍을 파고, 그 구멍에 자신의 엉덩이를 밀어 넣고는 사람 겁내지 않고 부엌에서 일하는 어머니를 지켜보았다. 어머니가 주는 밥풀을 얻어먹으려고, 낮에는 어딜 돌아다니다 끼니때가 되면 기어이 부엌으로 찾아들었다. 안방과 사랑방에 밥상을 들여놓고, 밥이 모자라 부엌 부뚜막에 앉아 헛물을 들이키는 엄마의 눈물을 지켜보았다. 엄마는 두꺼비에게 혼잣말로 하소연하며 어머니의 한을 달랬다.

실제 두꺼비의 수명은 12년에서 15년이라고 한다. 손바닥만 한 동물이 오래 살기도 하려니와, 한번 알을 낳으면 수백 개를 낳으니, 장수와 다산의 상징이다. 그 때문에 두꺼비는 우리 민족에게 영물이었고, 그런 두꺼비가 울퉁불퉁하고 징그럽게 생겼음에도 임산부에게 떡두꺼비 같은 아들을 낳으라고 덕담을 했던 게 아닌가.

자 이제 두꺼비가 가진 신화를 안다면, 이제 두꺼비는 단순히 로드킬에서 징그럽다고 치부되어서는 안 된다. 영물이자 우리 동화 속에 친근한 동물의 죽음 앞에서 애틋하고 측은함을 가져야 한다. 그리고 이런 로드킬의 현장이 다시 반복되지 않도록 하는 관심과 적극적인 실천을 생각할 수 있어야 한다. 살아있는 동물에 대한 감수성이 생명에 대한 애호와 더불어 깊은 관심과 공감을 자아낸다. 그들의 생로병사를 경외로 대할 때, 감수성이 풍부하다고 이야기할 수 있을 것이다.

촉각에 의한 감수성

갑천 변 꽃잎 떨어진 흙길을 맨발로 걸었더니, 발바닥은 흙물과 초록 물로 얼룩이다. 어제 내린 적은 비에 잘 다져진 땅은 습기를 머금어 시원하다 못해 시리다. 계족산 황톳길처럼 폭신하진 않지만, 모난 잔돌이 거슬린다 여기지 않고 피해 걸으니, 떨어진 소나무 수술들이 포근히 감싸준다. 내 발 아플까 조심조심 내려다보며 걷다 보면, 비로소 낮은 곳에서 생을 잇느라 애쓰는 뭇 생명에 눈이 간다.

나무 위에서 줄 타고 내려온 자벌레들이 나의 전진을 가로막고, 거위벌레가 정성껏 만든 요람이 땅에 뒹군다. 진딧물에 뒤덮인 철쭉의 연한 새순이 하늘을 향해 솟구치는가 하면, 참나무 가지 한 귀퉁이에서 사각사각 소리 내며 잎사귀를 갉아 먹는 큰 무리의 애벌레들도 한창이다. 먼 자동차 주행 음이 상존하지만, 여울 물소리와 새소리가 그를 덮으니, 나는 선택적으로 소리를 취하는 재주가 있는 듯하다.

나는 이렇게 이 숲속에서 작은 울림마저 일지 않고 나직이 걷고 있건만, 쏜살같이 내달려오는 자전거족은 마치 제 길인 양 나를 비키라 멈추지를 않는다. 언제 그 바퀴에 깔릴지 모를 자벌레들과 민달팽이를 한옆으로 치워주고, 거위벌레 요람도 풀숲으로 던져준다. 자연의 질서 속에서는 당연히 순응할 수 있지만, 인간의 무관심과 이기로 인한 뭇 생명의 피해는 가급적 막아내고 싶다. 그건 말 못 하는 그들의 권리를 대신해주는 최소한의 당연한 배려이기도 하다. 나는 맨발로 느리게 걷는 행위 속에서 자연 속 봄의 생명과 새롭게 만나고, 뭇 생명을 진정으로 가깝게 만나 이들의 안위를 위한 실천 활동을 하였다. 더불어 신발이라는 문명에 길든 자신을 성찰하는 시간을 가졌으니 이 얼마나 고마운가.

신체의 보호와 체온 유지를 담당하는 피부는 인체의 가장 넓은 감각기관이다. 피부는 온각, 냉각, 압력, 통증, 진동, 촉각 등을 느끼는 외수용 감각기들이 있다. 촉각정보는 촉각과 촉감으로 나눈다. 촉각은 외수용 감각기를 통해 생리적으로 느낄 수 있는 정보이고, 촉감은 넓은 의미에서 인간이 정신적으로 해석하여 느끼는 감정으로, 주관적인 감각이다.

맨발로 걷기 체험은 직접적인 피부의 접촉을 통해 대지의 질감을 느끼고 판단하는 것에서 멈추지 않고, 시각적 촉감이나 감각온도와 같은 덜 직접적인 촉감에서 체험이 더 극대화된다. 땅위를 기어가는 자벌레, 도토리거위벌레가 떨어뜨린 요람, 모난 잔돌, 소나무 수술 등에서 숲의

그림 11 맨발로 걷는 꽃길(대전 갑천)

포근함과 생명이 움트는 현장을 느끼기 때문이다. 촉감의 역할이 단순히 판단을 위한 것에 그치지 않고 감각적 사고와 상상력을 촉발하는 수단으로 작용하는 것이다.

후각에 의한 감수성

늘 그곳에 궁둥이 붙이면
봄 햇살은
갓 불 댕긴 아랫목의 뜨듯함, 짚단 내음.
여름 햇살은
오징어의 따가움, 종이 타는 내음.
겨울 햇살은
서늘한 온기, 흙바람 내음
오늘 가을 햇살은
뜸 들이는 부뚜막, 다리미 내음.

후각은 냄새를 분별하는 것으로 냄새는 공기의 일부이기 때문에 의지와 관계없이 수용되는 매우 직접적이고 기본적인 감각이다. 후각은 두뇌와 아주 밀접하게 연계되어 있어 가장 민감하고 빠른 반응을 보인다. 코를 통해 인식된 신호는 두뇌의 감정반응, 기억, 아이디어 창출을 담당하는 영역으로 전달되어 해석이 이루어진다. 그로 인해 과거의 경험과 결합한 냄새를 맡으면 기억이 살아나고 그에 따른 감정적 반응이 일어나는 것이다. 코를 통해 인지하는 냄새는 학습과 저장을 격려한다. 불을 직접 확인하지 않아도 냄새만으로도 확인할 수 있는 것과 같다. 어떤 문장을 후각 정보와 함께 주었을 때는 후각 정보를 주지 않았을 때 보다 훨씬 더 쉽게 기억되고 오래간다.

서로 다른 녹색이 경연을 시작하는 5월 숲은 싱그럽다. 싱그러움은 싱싱하고 향기로움을 말한다. 향기는 사람들의 감정과 행동에 영향을 미친다. 과거 특정 장소나 사건과 결합한 냄새를 맡게 되면 잊은 지 오래된 기억을 되살리고 그에 따른 감정적 반응이 일어나기 때문이다. 엄마의 젖가슴이 그리운 것은 그 촉감보다도 엄마 품에서 나는 냄새 때문이 아닐까.

5월의 숲길. 순하고 여린 초록 물을 담뿍 먹은 어린아이와 같은 숲길. 사람 밟는 땅 아닌 곳은 어디든 비집고 올라오는 이 강한 초록의 생명력. 내 몸도 힘이 솟는다.

발 딛는 숲길에 점점이 뿌려진 하얀 꽃가루. 이게 무엇인가. 아카시였구나. 그래 지금 아카시 꽃이 한창이었지. 풍성한 포도알처럼 주렁주렁 달린 하얀 알 꽃들. 아카시꽃 가까이서 가만 들여다보니, 참 뽀얀 우윳빛이구나. 보드라운 아기살 같고, 매끈한 장미꽃잎처럼 잘 생겼구나. 음……. 코끝에 진동하는 달콤한 향. 살짝궁 몇 잎 따서 입에 넣는다. 미처 씹기도 전에 혀끝에 전해지는 맛보다 더 먼저 다가오는 너의 향내. 참 싱그럽구나. 너처럼 맛나고 알 예쁜 꽃에 가시가 있기에, 너를 취하려고 더 몸이 달았나 보다.

헐벗었던 산 녹화한다고 갖다 심을 땐 언제고, 이제 네 뿌리까지 보기 싫다고 못마땅해하는 지금. 네 강한 생명력이 질기다고 베고 또 베고, 그래도 넌 끈질기게 살아있구나. 5월만큼은 할 일을 톡톡히 하는 너. 네 단물 찾아온 꿀벌들을 시켜 세상에 달콤함을 주는 아카시 꿀. 너 이 숲에 있을 만한 가치가 충분히 있고말고.

그림 12 5월의 아카시아꽃

숲길에 많은 꽃이 피어있구나. 하얀색 아카시꽃, 국수나무꽃, 찔레꽃, 노란 색 애기똥풀, 살갈퀴. 내 눈엔 조용하고 호젓한 산길이라 내 마음 평안해서 위안이 되는데, 지금 이 순간 내가 알아채지 못하는 사이에 너희들끼리의 전쟁이 한창인 거지. 이왕이면 더 양껏 물을 먹어야 하고, 이왕이면 더 넓게 햇볕 받아야 하고, 이왕이면 더 많은 벌 나비 불러 모아야 하지. 더 부지런하게 더 예쁘게 더 건강하게 자라야 한다는 2세를 위한 절체절명과 같은 삶에 치열한 경쟁이 지금 한창이라는걸.

어디선가 풍겨오는 이 쌉싸름하고 달콤한 향내. 이것은 또 무엇일까. 찔레꽃이었구나. 양지바른 곳이면 어디든 피어나는 5월의 꽃 찔레꽃. 무성한 노란 수술 사방으로 팔 벌려, 너 누굴 그리 유혹하려 그 진한 향 흘리는 거니. 꽃무지 여지없이 너에게 안기어, 열심히도 너를 탐하고 있구나. 벌 나비가 아니더라도, 너의 유혹에 넘어가지 않을 사람 없을 것이며, 너의 향기에 상기하지 않을 유년시절이 또 있겠느냐. 너를 보면 또 5월의 그즈음이 왔다는 걸 기억하게 되고, 너를 통해 찔레순 꺾어먹던 그 시절의 회상에 젖어, 잠깐이라도 행복할 수 있어 고맙지.

거부할 수 없는 유혹. 멀어지려 해도 잡아당기는 마력. 머무르고 취하고픈 본능. 넌 페로몬의 마법 같은 신비한 향기를 가졌다. 넌 새침한 미인이 될 자격이 충분하다. 조금은 오만하게, 아주 다 줘버리지 않는, 너 자신을 아끼는 마음, 너 자신을 소중히 하는 마음. 따가운 가시가 있어서 네가 결코 쉬워 보이지 않는가 보다. 햇살 아래에서 투명하고 연한 꽃잎이 더 가냘프게 보인다. 연한 잎 뜨겁게 달궈지니, 하얀 꽃잎이 싸준 노란 수술이 더 바짝 곧게 서 있구나. 더 강렬한 내음으로 햇살보다 더 이글거리며 쌉싸름한 향 뿜어내고 있구나.

너의 새순이 맛나다고 했었다. 밥때까지는 아직 먼 시간, 군것질거리 도통 없던 시골 들녘의

그림 13 5월의 찔레꽃

더 자연스러운 자연해설: 자연의 언어는 자연해설사를 통해 의미가 된다

고무신 아이들은 어린 새순을 댕강 분질러서 연한 껍질 죽죽 벗겨 질겅질겅 씹어 먹었지. 나도 너 새순의 모가지를 미안하지만 잘라 한입 베어 물어본다. 내 미각이 둔한 것인가? 난 솔직히 아무 맛이 안 나는구나.

햇살을 향해 곧추 모가지를 세우고, 꽃들 하나하나 밝게 웃고 있으니. 너희들 보면서 내 얼굴 웃지 않을 수 없고, 다시 쳐다보지 않을 수 없다. 너희들 힘을 합해 내뿜는 그 향기 한꺼번에 숨어 있다가, 그늘 숲길 빠져나온 길손 놀라게 하고 있구나. 예고도 없이 드문드문 무리 지어 피어나 아름다움에 놀라는 즐거움, 향기로 기쁨을 주는 사랑스러운 것들.

이내 져버릴 아쉬운 그 날이 오면, 누가 너희들을 그리도 의미 있게 봐주겠니. 아주 길고 지루한 여름이 지나는 동안 비슷한 녹색들에 묻혀 존재도 모른 채 스러질 테니. 찬바람 이는 가을이나 돼야 빠알간 콩알 같은 열매 맺어, 바쁜 멥새들에 너 찔레 다시 이름자를 찾을 수 있겠지. 그때는 지나는 사람보다는 함께 사는 새들과 동물에나 너희들 존재 이유가 분명해지겠지.

청각에 의한 감수성

들려오는 새소리에 취해 잠이 달아났다. 어떤 새일까? 이리도 아름다운 소리로 두 시간여를 화답하니, 애들은 목도 안 마르나? 새소리에 홀려 밖으로 나오니 봄비가 몰래 내리고 있다. 새들은 왼산과 오른 산에서 번갈아 울고 있다. 봄밤이니 암수가 매우 그리울 게야. 새소리는 새벽 네 시 경에나 그쳤다.

빗방울은 지붕 가장자리에 덧댄 함석을 두들기며 깨 볶는 소리를 내고 있다. 여린 바람에 풍경도 흔들리고, 고라니가 지나가는지 누렁이 견우의 목줄 요동치는 소리가 난다. 온 동네 닭들이 주고받는 꼬끼오 소리가 멀고도 가깝게 들린다.

그림 14 빗물 쏟아지는 소리

안채의 보일러 돌아가는 백색소음도 사람들이 따뜻하게 자는 소리라 거슬리지 않는다. 다 듣고 다 느끼며 보낸 새벽, 또다시 아까 그 새소리와 함께 봄날은 밝아온다(항모재에서).

소리에 의한 생태적 감성은 감각기관인 청각을 통해 받아들이고 느낀다. 또한, 소리 간의 조화, 자연 음과 인공 음의 조화, 마음속에서 자연스럽게 우러나오는 음에 이르기까지 인간을 둘러싸고 있는 모든 소리에 의미를 부여한다. 이로써 환경 전체를 생각하는 총체적 사고와 그 실현을 가능하게 한다.[1]

그림 15 홍시 감

---

1) 한국미디어문화학회 엮음, 「소리」, 커뮤니케이션북스, 2005, p.150.

환경 감수성

가을 태풍 비켜 살찌운 너

가지 모여 몸통 빛깔 뽐내더니만

잘난 무엇이 너의 살성 서둘러 여물게 하여

늦여름 거센 바람에 이 신세를 맞았느냐?

까치 내려다보며 마냥 조롱하네.

환경 감수성은 환경에 대한 동정과 연민 등의 시각과 개인적인 느낌이라고 정의하는데, 자연과 오랫동안 접촉을 통해 형성된다. 특히 자연에 대한 감수성은 책을 읽어서 생기는 것이 아니다. 자연에 대한 배려는 자연이 생명을 만들어내는 것을 이해하고, 그 심미적인 의미를 인식하는 것부터 시작한다. 따라서 오염되지 않은 환경에서 아름다움을 느끼거나, 다른 생명체들에 대한 경외감과 사랑을 체험하는 등 연속적인 야외 경험에 참여함으로써 형성될 수 있을 것이다.

환경에 대한 감수성이 높고 환경에 대한 태도가 생태 지향적인 사람은 환경친화적 행동에 적극성을 보인다. 감수성과 태도는 환경친화적 행동에 영향력을 미치기 때문이다. 따라서 책임 있는 환경 행동을 하도록 하기 위해서는 감수성을 높여야 하고, 환경문제를 민감하게 받아들이는 감수성 훈련은 그래서 매우 중요하다.[2]

인간은 외부로부터 정보를 받아들일 때, 청각으로 20%, 촉각으로 15%, 미각으로 3%, 후각으로 2%를 받아들이고, 나머지 60%는 시각이 받아들인다고 한다.[3] 자연에 들었을 때, 오감으로 느끼는 모든 것들은 생태적 감수성을 자극하고, 이 자극은 곧 자연 속 교육프로그램 체험 자원의 바탕이 된다. 직접적인 감각적 경험과 사계절 동일 지점에서의 현장 모니터링은 해설사가 가져야 할 필수불가결한 학습이며, 동시에 참가자들에게 흥미와 관심을 유도하는 최적의 소재이다. 숲, 하천, 호수, 해안, 탐방로, 공원 등 자연과 어울려 사람이 사는 어디든지, 해설사는 보고 느끼고 사랑하게 된 모든 것들에 환경적 의미를 부여한다. 그 속에 깃들여있는 존재 가치와 인간과의 관계를 생각한다. 인간 삶 속에서의 자연과 자연의 내재적 가치를 통해, 보다 지속 가능한 삶을 위한 환경 교육적 요소가 무엇인지 고민한다. 그리고 그 교육적 요소들을 체험과 결합하여 환경 감수성이 극대화될 수 있는 프로그램을 기획하고 적용하는 시도를 할 수 있다.

---

2) 「환경 감수성 함양을 위한 특활반 운영 프로그램의 개발과 효과」(우석규, 한국교원대 석사학위 논문, 2007).

3) 이순요, 『감성공학』, 청문각, 1996, p.143.

제3장

해설사의 역할과 직무

해설사는 정보 전달자다

　방문자가 인지할 수 있는 정보는 자연에 대한 생태학적·역사적·문화적 지식에서 나온다. 해설사는 이러한 지식을 개별적으로 습득하기보다는, 통합적이고 전체적으로 학습해야 한다. 하지만 해설사가 이 지식을 모두 갖추는 데에는 한계가 있다. 한 가지도 버거운데, 생태해설, 역사해설, 문화해설사가 되라 한다면 가랑이가 찢어질 노릇이다. 다만, 자연에서 일어나는 하나의 사건을 현상 그 자체로 바라보지 않고, 그 사건과 관련된 다양한 배경을 앎으로 해서, 서로 간의 맥락을 이해해야 한다.

　장소의 해설에서는 자연과학과 인문사회학이 별개로 존재하지 않는다. 문화와 역사는 생태적 맥락에서 자연스럽게 생성되었기 때문이다. 지형, 지질, 기후와 같은 자연조건이 문화적 토양을 제공했고, 각각의 문화가 서로 부딪히고 연결되면서 역사적 사건이 생겨났기 때문이다.

　강과 예술이 생태적 역사적 문화적 맥락에서 자연스럽게 연결된 예로 금강에서 잊힌 중고제 판소리를 들어보자. 판소리 하면 동편제와 서편제를 생각한다. 으레 호남지역을 연상한다. 중고제는 경기민요, 동편제, 서편제 이전의 소리로 지역적 발생지가 경기 충청지역이다. 그러나 전승이 중단되어 잊힌 소리로 남았다. 조선 창극사라고 하는 기록에 보면, 조선 후기 명창들의 대다수가 호남지역을 기반으로 하고 있는데, 그 이전에는 대부분 경기와 충청 지방의 출신이 많다고 나와 있다. 현재, 충청도 공주지역을 중심으로 중고제가 점차 알려졌는데, 이곳의 소리는

그림 1 부여의 다그니 나루터

그림 2 금강 수운 교통이었던 황포돛배

민요권인 경기지방의 소리와 판소리권인 남도소리가 혼재되어 있다. 공주가 중고제의 중심지가 될 수 있었던 것은 바로 금강이 환경을 제공했기 때문이다.

조선 후기에 금강은 수운 교통의 중심지로 막강한 경제력을 이뤘다. 특히 금강의 시장 중에는 조선 후기 평양시장, 대구시장과 함께 3대 시장 중 하나였던 강경포구가 있었다. 또한, 지역의 세곡을 담당했던 군산창과 성당창이 있어 물산도 풍부했다. 당연히 놀이문화가 번성했고, 광대들이 이곳에 기대어 살 수밖에 없는 여건이었다. 포구에 기인한 놀이문화가 번성했던 이유는 그곳에 돈이 돌기 때문이었다. 포구 주변에는 연희가 대단히 많았고, 이때 판소리는 연희에 자연스럽게 포함되었다. 판소리의 판이 벌어진 시장은 전문 예술인의 삶의 터전이었다. 아무리 훌륭한 예술이라도 경제적 문제가 해결되지 않으면, 대중예술로서 생존할 수 없었다. 금강의 장시에서 명창들은 연희에 자주 불려 나갔는데, 여기서 두각을 나타내면 명창들은 한양의 관객들에게 접근할 수 있어, 중앙무대로 진출하거나, 전국적인 명성을 얻을 수 있었다. 지금 연예인들이 더 유명해지고자 서울에 진출하는 것과 같은 이치이다.

현재 금강의 시장은 기능을 상실했고, 과거의 영화를 보여주던 장소는 빈터가 되어 역사 속으로 사라졌다. 자연환경이 문화의 발생과 전파에 영향을 미치고, 역사적 맥락을 이루는 과정을 살펴볼 수 있는 예이다.

모두가 네이버 백과사전이다

참가자들과 처음 만난 해설사는 참가자들에게 내가 알고 있는 최대한의 정보를 가능한 한 알기 쉽게 설명하고자 한다. 그러나 때에 따라 참가자들은 스마트폰을 통해 동시에 정보를 검색한다. 네이버 검색 혹은 식물 찾기 앱 검색 결과를 본 후, 알고 있다는 듯한 눈빛이 감지되거나, 미리 대답하는 때도 있다. 해설사가 검색 결과와 다른 정보를 말하거나, 혹은 잘못된 정보를 말하게 되면, 해설사는 순식간에 신뢰도에 타격을 입는다. 동시에 이후 프로그램이 목표를 달성하는 데, 상당한 영향을 미친다.

인터넷이 보급되기 시작한 초창기에 미디어는 엘리트들에 의해 만들어져 사회적으로 받아들여졌다. 따라서 사람들은 미디어의 정보를 과신하는 경향이 있다. 정보를 비판적으로 받아들이고, 해석하려 하지 않는 경향도 있다. 심지어는 정보에 대해 각자가 판단하기도 한다. 따라서 해설사는 정확하지 않은 정보나, 추측성 정보는 이야기하지 않는 것이 좋다. 해설사가 만능일수는 없다. 차라리 모르면 모른다고 이야기하고, 직접 찾아보도록 권하는 것이 신뢰에 손상을 주지 않는다.

스마트폰에서 아주 쉽게 손가락만 터치하면 오랜 지식의 창고를 손쉽게 드나든다. 따라서 정보는 이제 굳이 머릿속에 다 넣을 필요가 없게 되었다. 두뇌가 해야 할 일의 양보다, USB의 용량이 발 빠르게 커지고 있기 때문이다.

해설사는 교육자다

교사는 천직이라는 말이 있다. 하늘이 내린 직업이라는 뜻이다. 왜 하늘이 내렸을까? 선생님의 말씀 한마디에 따라 대통령이 되고 범죄자가 될 수도 있기에, 선생님의 말씀과 가르침은 매우 중요하다. 곧 교사는 사람의 운명을 바꾸는 직업이다.

학교 교육을 교사가 책임지고 있다면 비제도권교육인 사회환경교육은 해설사가 담당하고 있다 해도 과언이 아니다. 물론 유형에 따라 적절한 교육방법을 달리하지만, 전문가로서의 소양을 겸비해야 해설할 수 있다.

환경교육의 경우, 학교에서의 환경교육은 주로 게임이나 실험, 실습, 역할놀이, 설명, 추론, 토의, 프로젝트 활동 등을 들 수 있다. 반면 환경해설은 자연체험 활동과 노작 활동, 관찰, 감상, 예술적 표현, 설명, 게임, 실험 등을 동반한다. 특히 야외에서의 환경해설은 자연을 대상으로 하므로 토양, 대기, 수질 등의 매질에 대한 환경지식뿐 아니라, 서식처에 기반을 둔 식물, 동물, 곤충, 조류, 어류 등 생물에 대한 방대한 정보를 해설해야 한다. 이 과정에서 참가자는 환경에 대한 흥미와 관심을 증폭시키고, 나아가 환경실천 시민으로서 거듭나거나, 어린이의 경우 자연환경 관련한 직업으로 나아갈 수 있다.

제도권 밖에서 자연을 기반으로 야외에서 이루어지는 사회환경교육의 대다수가 환경해설 활동이다. 자연체험, 생태관광, 건강증진, 문화교육까지 해설은 폭이 넓다.

역사교육의 경우, 역사적인 무형 · 유형물이 해설 자원이다. 마을의 유래, 노거수, 마을 숲, 건축물과 비각, 석물 등에서부터 오래된 사찰, 문화재, 특수한 지질환경 등이 모두 해당한다. 해설사의 역사적 지식을 바탕으로, 대상이 가진 역사적 배경과 가치를 해설한다.

자연체험의 경우, 자연해설은 체험 프로그램을 통해 체계적으로 전달할 수 있다. 오감을 동원한 체험을 위해서는 도구와 시청각 자료 만들기, 직접적인 접촉 등 다양한 활동을 연구해야 한다.

생태관광의 경우, 방문객들이 참가비 외에도 마을에 기여할 수 있는 방법은 다양하다. 지역의 음식을 경험하게 하거나, 지역 산물 구매, 유숙 등 체류형 관광으로 확대시킬 수 있는 가장 1차적인 매개자이기 때문이다.

건강증진의 경우, 여행은 장소의 이동이 아니라, 마음의 이동이다. 방문자와 함께 걷는 등 신체 활동과 함께, 일상에서 벗어나 새로운 환경을 경험함으로써 정서적인 안정과 치유 효과가 있다.

문화교육의 경우, 자연은 끊임없이 변하면서 새로움을 느끼게 한다. 숲이나 들, 강, 바다에서 공기의 흐름에 맡기며 신체를 움직이고, 자연물로 꾸미거나 만들기, 노래를 부르는 행위는 감정이 발로함으로써 표출되는 것이다. 자연에서 악기 연주, 그림 그리기 등 문화 활동을 하는데 실내공간에서는 느낄 수 없는 새로움이 있다.

표 1. 강모래를 오감으로 느끼는 자연체험 활동 2. 장수군 사과 다이닝 생태관광 3. 대전 유등천 새벽 기행 건강증진 4. 금강 트레킹 강에서 연주

더 자연스러운 자연해설: 자연의 언어는 자연해설사를 통해 의미가 된다

자연해설은 장소의 해설이다

자연해설은 장소의 해설이다. 해설의 대상이 대부분 실외에 존재한다. 유형물이든, 생물이든 그것이 존재하는 장소에서 해설이 이루어진다. 따라서 장소를 얼마나 알고 있는가에 따라 해설의 질이 좌우될 수 있다. 장소를 안다는 것은, 해설사가 장소를 얼마나 경험했느냐의 척도이다. 문헌 자료를 조사하고, 현지의 답사를 통해 지형지물을 파악하고, 마을주민이나 그곳을 찾는 방문자 등 주변 사람들과의 인터뷰 등으로 장소를 이해할 수 있다.

오전 10시부터 2시간 해설을 앞두고 있다고 가정하자. 대부분 현장답사는 그 시간대에 맞추어 이루어진다. 그러나 그 밖의 시간에도 같은 장소를 경험하는 것이 필요하다. 하루 종일 햇볕이 비치는 양과 방향은 시간에 따라 다르다. 비도 봄비와 여름비, 가을비는 그 느낌이 다르다. 새벽에 동이 틀 때, 이슬에 젖은 장소를 경험해 보았는가? 안개가 끼었을 때와 그렇지 않을 때는 새벽의 느낌을 다르게 한다. 하늘에 별이 뜬 까만 밤에 풀벌레 울음소리만이 시끄럽게 고요를 삼켜버린 한밤중을 경험해 보았는가? 그 장소가 보여주는 봄 · 여름 · 가을 · 겨울뿐 아니라, 새벽 · 한밤중 · 보름달이 뜬 초저녁 등 해와 달이 빚어낸 장소의 서로 다른 얼굴을 경험해 보

그림 7 공주 청벽대교의 노을 @박청제

라. 장소가 보여주는 풍경과 분위기를 다양하게 경험해야 한다. 그런 경험이 수반된 상태에서 해설사가 해설한다면, 참가자들은 해설사의 열정 어린 표정과 눈빛에서 장소를 느낄 것이다. 해설사가 경험한 새벽과 한밤중과 봄·여름·가을·겨울의 장소에 대한 느낌이, 고스란히 전달될 수 있을 것이다. 그리고 해설사의 장소에 대한 애정을 짐작할 것이다. 열정 있는 해설사를 통해 아는 만큼 보이고, 보이는 만큼 관심을 두게 될 것이다.

상상해보라, 내가 사랑하는 것을 소개할 때, 듣는 사람이 애정의 깊이를 느끼지 않겠는가? 해설사가 갖는 그 장소에 대한 경험의 두께는 그 어떤 달변가보다 방문자에게 강력한 영향력을 발휘한다.

대상에 따른 해설이 필요하다

동일한 프로그램이라도 방문객에 따라 해설은 달라져야 한다. 최초 방문객일 경우는 대상지에 대하여 사전정보를 가졌는지, 없다면 이해를 도울 수 있는 정보를 제공해야 하며, 재방문객일 경우 해설이 중복되지 않아야 한다.

일반적으로 연령층에 따라 관심 영역이 다르다. 어린이는 탐색하는 것을 좋아해서, 새와 곤충 등 빠르게 움직이는 것들에 흥미를 보인다. 청장년층의 여성은 식물처럼 정적인 것에 관심을 보이는데, 특히 야생화에 관심이 크다. 어린이가 꽃을 관찰하는 시간보다 곤충을 관찰하는 것에 흥미를 느끼는 이유다.

방문자의 신체적 조건을 배려하여 동선이 구획되어야 한다. 노약자나 신체가 불편한 사람들의 경우, 거리나 경사도가 지장을 주어서는 안 된다. 노인의 경우 청각장애로 인해 소리가 들리

그림 8 유아 대상 숲 체험 프로그램 해설　　　　그림 9 성인대상 문화재 해설

더 자연스러운 자연해설: 자연의 언어는 자연해설사를 통해 의미가 된다

지 않을 수 있으므로, 발음을 정확히 하고 목소리를 크게 하며 눈을 바라보며 해설을 한다. 아마 청각장애가 의심될 수 있는 가는귀먹은 고령자의 경우에 해설사의 배려를 알아챌 수 있을 것이다.

방문자의 연령에 따라 언어를 구분할 필요가 있다. 가족 참가자의 경우, 어른보다는 어린이에 대상을 맞춰 해설한다. 설명식의 해설보다는 표정과 몸짓, 끄떡임, 박수 등 비언어적 표현을 적절히 사용해야 한다. 음의 고저, 억양, 성량, 음질 등으로 메시지를 명료하게 할 필요가 있다.

계절과 시간에 따른 프로그램을 개발한다

봄에는 번식이 이루어지는 시기이므로, 양서류 관찰, 겨우내 언 땅을 뚫고 올라오는 로제트 식물 알기, 봄꽃의 특징 알기, 봄나물 캐기, 봄에 짝짓기를 하고자 특별하게 지저귀는 새소리 감상, 나무의 새순과 곤충의 알, 애벌레를 탐하는 박새류와 쇠딱따구리 등을 관찰한다. 농번기에는 모내기 체험과 나무 심기 등이 있다.

여름에는 고온다습하고 비가 오는 날씨가 빈번해 야외활동에 제약이 있다. 숲속 그늘에서 이루어지는 숲 체험 활동, 물고기 채집 및 수서곤충 관찰, 맹꽁이 모니터링, 야간 곤충 트랩, 반딧불이 관찰이 있다. 우천이나 고온에 의한 대체프로그램으로 실내프로그램을 기획해야 하는데, 환경영화 상영 등 시청각 교육, 자연물 작품 만들기, 기후 에너지 자원재생 등 환경토론 활동 등을 마련한다.

가을은 자연물로 예술작품을 만들기에 열매와 씨앗, 잎의 색소 변화 등 풍부한 소재가 프로그램화될 수 있다. 솔방울, 도꼬마리, 박주가리, 도토리 등 번식을 위해 씨앗이 어떻게 이동하는지를 동물의 털, 바람, 물, 동물의 먹이로 구분한다. 곤충의 짝짓기가 활발하고, 멧새류가 다양하게 관찰된다. 물가에 갈대와 물억새가 꽃을 피우기 시작하니, 걷기 좋고 활동하기 좋은 계절에 자연은 변화무쌍한 무대를 선사한다. 결실의 계절답게 사과 따기, 고구마 캐기와 같은 수확 체험, 노작 활동이 있다.

겨울은 나무의 겨울눈 관찰, 새의 둥지 관찰, 겨울 철새 탐조, 야생동물의 흔적 찾기 등이 있다.

소요시간별로 여건에 맞는 프로그램을 구분한다. 두 시간, 오전, 오후, 종일, 숙박 프로그램으로 구분할 수 있다. 프로그램의 도입부터 마무리까지의 총소요시간을 정하고, 이동에 따르는

그림 10 물고기 채집 및 관찰 활동

소집과 해산에 소요되는 시간을 고려해야 한다. 이동수단과 거리로 인해 야기되는 피로도를 최소화하기 위함이다.

　종일과 숙박 프로그램의 경우, 식사와 잠자리에 특별한 준비와 관리가 필요하다. 특히 식사와 숙박이 실내에서 이루어지므로, 공간과 시설을 갖추고 있어야 하며, 활동에 필요한 설비와 장비의 점검 및 관리가 이루어져야 한다. 유아, 장애인, 노인을 고려한 활동 장비의 활용을 고려한다. 장소와 시설에 대한 안전은 물론, 식사와 수면을 포함한 전 과정이 프로그램 내에서 활동으로 이어져야 한다.

해설사는 프로그램 기획자다

해설을 위해서는 해설프로그램이 필요하다. 해설프로그램은 방문자가 장소를 효과적으로 이해할 수 있도록, 계절과 날씨, 시간 때와 소요시간, 참가자의 특성에 어울리는 동선의 구획과 내용으로 기획되어야 한다. 프로그램을 기획함은 프로그램의 목표, 자료수집, 시나리오 작성 및 교재 제작, 검토, 참가자 모집, 프로그램 운영, 평가에 이르기까지를 총괄함을 의미한다.

목표를 설정하기 전에 이 프로그램이 왜 필요한지를 분명히 해야 한다. 프로그램을 통해 심리적 안정감을 회복하거나, 긍정적이고 환경적인 태도를 기르거나, 감수성을 증진하는 등의 구체적인 기대효과가 있어야 한다.

환경적으로 그리고 교육적으로 적절한지 검토한다. 이동수단은 대중교통을 권고하거나, 식사할 경우, 친환경 식단과 음식물쓰레기를 남기지 않기, 1회용품 자제 등이 검토될 수 있다.

프로그램의 주제와 목적, 내용, 방법과 평가가 일관성 있게 구성되어야 한다. 목표가 설정되면, 대상지에 대한 자료를 수집한다. 문헌고찰, 현장방문 및 인터뷰 등을 통해 프로그램에 활용할 수 있는 소재를 선택한다.

해설사가 프로그램을 기획하고 운영하는 총괄적인 입장이라면, 이 단계에서 프로그램에 필요한 예산의 확보가 필요하다.

목표를 효과적으로 전달하기 위하여 해설시나리오를 작성한다. 도입, 전개, 마무리의 흐름에 따라 작성하는데, 이 과정에서 필요한 교재나 교구를 준비하고 유의사항을 검토한다. 세부프로그램 계획서에 따른 해설시나리오를 별도로 준비한다.

해설시나리오와 해설 대상지에 대한 검토가 필요하다. 교재와 교구에 대한 검토뿐만 아니라, 답사를 통한 해설 대상지의 위험 요소, 운영을 위한 동선의 확인 등 일반적인 사항들을 검토한다. 대체프로그램의 경우, 장소가 실내일 경우, 장소 및 시설에 대한 점검, 비상시 연락망, 위급할 시 의료체계 등의 안전관리를 한다.

시범 운영을 함으로써, 최종 검토를 한다.

이제 프로그램 기획이 완료되면, 참가자 모집을 위한 홍보를 한다. 인터넷 홍보, 전단, 공문 등을 작성한다. 참가자 신청을 위한 예약시스템이나 신청서를 작성한다. 신청서에는 알레르기 유무 등 참가자의 건강 특성을 기재하게 하여 체험과정에서 발생할 수 있는 상황을 예방할 수 있다. 아울러 안전을 위한 상해보험에 가입한다.

본격적으로 프로그램을 운영하기에 앞서 사전 모니터링을 한다. 교사 간 평가, 방문자 평가 등 질문지나 사후평가지를 작성하고 최종 점검을 한 후, 본격 운영에 들어간다.

프로그램 운영 후, 방문자 평가, 교사 간 평가 등으로 만족도에 관한 조사 자료를 토대로, 향후 프로그램의 개선에 활용한다. 만족도 조사는 리커드 척도 방식과 보완 및 개선점에 관한 주관적 서술이 주로 이용된다. 유아의 경우, 스티커 붙이기, 활동 결과물 등을 활용할 수 있다. 아울러 사진 및 활동내용과 수업일지 등의 활동기록 관리대장을 체계화하여 향후 프로그램 운영에 반영한다.

그림 12 자연체험 활동 야생동물의 흔적 찾기

제4장

전달력과 표현력

방문객은 해설사를 어떻게 인지할까?

방문객이 해설사를 처음 만났을 때, 방문객은 해설사를 어떻게 인지할까? 해설사가 얼마나 믿음직하냐에 따라 내가 이곳에서 보내는 시간이 유의미할 수 있다. 방문자가 첫 번째로 보는 것은 전문가인가 하는 것이다. 전문가란 어떤 분야를 연구하거나 그 일에 종사하여 그 분야에 상당한 지식과 경험을 가진 사람을 말한다. 물론 해설 관련한 활동가들이 고전적 전문가와 같이 특정한 기능과 기술을 바탕으로 독립적인 직업 활동을 하는 그룹은 아니다. 자연생태환경 분야에서 산림치유지도사와 같은 새로운 형태의 직업군들이 생겨나고 있지만, 아직은 전문가로서 전문적인 정체성을 찾아가기 위해서는 극복해야 할 과제가 많다. 초보적이고 단기적인 양성과정을 통한 지식의 습득과 충분한 경험이 부족한 상태가 일반적이기 때문이다.

방문자는 해설사의 질 검증을 위해 해설사의 명패를 확인하거나, 프로그램을 운영하는 기관 단체의 지명도, 운영하는 기관 단체에서 소개한 강사 이력을 살핌으로써, 해설사에 대한 전문성을 파악한다. 아울러 현장에 어울리지 않는 복장, 호감을 주지 않는 인상은 신뢰감을 떨어뜨리므로, 야외활동에 적합한 복장, 밝고 편안한 인상 등 외적 호감성을 다음 순으로 본다.

해설 프로그램이 도입부터 전개와 마무리까지 매끄럽게 진행되기 위해서는 정해진 시간 안에 주제가 전하는 메시지의 전달과 피드백을 완료해야 한다. 급작스러운 환자의 발생과 활동 동선의 장애, 기상의 악화 등으로 인한 위급한 상황과 돌발 상황을 어떻게 대처하는지, 진행능력도 해설사를 신뢰하는 조건이다. 예기치 않은 우천을 대비해 대체 프로그램을 마련하였는가? 위급한 환자 발생 시 응급의료체계와 비상연락체계를 갖춰 능숙하게 대응했는가? 해설 프로그램의 질과 효과성을 높이기 위해 다양한 도구와 매체를 사용하고 있는가? 미디어 매체가 적재적소에 활용되는 능력이 있어야 한다. 물론 보조도구의 휴대가 활동의 진행에 방해가 되지 않도록 크기와 무게를 고려해야 한다. 해설이 지루하지 않도록 유머와 여유를 적절히 안배하고, 필요하다면 노래·음악·몸동작 등 예술적이고 미적인 요소를 가미할 수 있을 것이다. 이는 자연을 무대로 한 종합예술로서의 해설을 지향하는 분위기 조성능력이라 할 수 있다.

위에서 열거한 전문성과 신뢰성, 외적 호감성은 해설사를 이루는 개인 속성에 해당한다. 그리고 진행능력, 매체 활용 능력, 분위기 조성능력은 해설사를 이루는 현장 능력에 해당한다.

해설을 통해 장소의 특성을 방문객들이 눈 뜨게 하고, 보다 방문자가 만족하도록 한다는 면에서, 해설은 서비스라고 할 수 있다. 해설사는 서비스 제공자이다. 서비스는 한쪽이 상대편에게 제공하는 경험의 무형 가치이자 행위이다.

방문자가 서비스 품질이 좋고 나쁘다고 하는 것은 고객이 서비스의 성과를 어떻게 지각하는가에 따라 결정된다. 서비스 품질은 주관적인 개념으로, 서비스 수준은 방문자의 기대에 부합되는 척도이다. 서비스 품질은 기대하는 만큼 일관성 있게 서비스를 제공하는 것을 의미한다.

해설서비스의 품질은 무엇보다도 신뢰성에 기반을 둔다. 신뢰는 확신과 의지를 포함하는 개념으로, 신뢰한다는 것은 해설사의 의도와 동기에 대해 경계하지 않고, 해설의 내용이나 방법을 긍정적으로 수용함으로써, 더 강력하게 영향을 받을 수 있음을 의미한다. 이런 신뢰성은 앞에서 거론한 해설사를 구성하는 개인 속성인 전문성과 외적 호감성에 의해 방문자에게 지각된다.

그림 1 대청호 둘레길 체험(청남대)

더 자연스러운 자연해설: 자연의 언어는 자연해설사를 통해 의미가 된다

말보다 강한 임팩트는?

인간의 소통은 언어를 통해 의미를 전달한다. 동물이 울음소리와 몸짓을 이용하는 것에 반해 사람은 언어를 사용하는 특징이 있다. 인간만의 고유물인 언어가 메시지 전달에 발명일 것 같지만, 실은 의미 전달의 65%가 비언어적 표현으로 촉발된다. 몸짓이나 손짓, 표정, 목소리 크기와 빠르기, 음색, 복장, 물리적 거리와 공간 등이 비언어적 요소라고 할 수 있다. 비언어적 요소는 듣는 사람의 감정 상태와 습관, 성격 등이 담겨있다. 감정표현과 전달은 말하는 사람과 듣는 사람 간의 친밀한 유대관계를 형성하고, 조직 구성원으로서 존재의식과 소속감을 느끼게 한다. 또한, 정서적 유대관계를 높여주고, 신뢰감 형성에 영향을 준다.

비언어적 의사소통은 첫째, 정서와 감정을 표시하는 신체 언어가 있다. 주로 얼굴 표정과 몸짓, 눈짓, 손짓, 시선 접촉, 고개 끄덕임, 박수 등을 이용한다. 가급적 상대방과 눈을 맞추고, 밝고 웃는 표정을 짓는다. "살금살금"이라고 말하면서, 동물이 실제 살금살금 걸어가는 몸짓을 동시에 모사하면 더 실감이 난다. 어깨를 토닥이는 것 같은 신체적 접촉과 수긍의 표현으로 고개를 끄덕이거나, 머리를 앞으로 내밀어 다가가는 등의 몸짓은 집중과 관심의 표시일 수 있다. 반대로 듣는 사람이 말하는 사람에게 무표정한 반응을 보이거나, 말하는 사람이 불러도 대꾸가 없거나, 두 손으로 엑스 표를 표하는 부정적이거나 비협조적인 몸짓을 할 때의 신체 언어를 인식해야 한다.

둘째, 말하는 사람과 듣는 사람 간의 물리적 거리나 상대적 위치와 같은 공간적 거리가 있다. 가까이 다가와 질문을 하거나, 모이라고 할 때 그 자리를 고수하는 것이 어떤 의사인가 파악해야 한다. 특별히 질문하고자 다가오는 것도 공간적 거리가 가져오는 친근감이다.

셋째, 말과 함께 나오는 소리를 유사언어라고 한다. 목소리에서 비롯된 말버릇, 음색, 음질, 크기, 속도, 성량, 고저, 억양, 어조, 어투, 발음, 사투리 등이 있다. 너무 빠르거나 느리지 않은 적당한 속도로 말을 하고, 속사포처럼 말을 쏟아내다가 순간 정지와 침묵은 강조의 뜻을 내포한다. 해설에서 비속어나 반말, 약어나 은어 등은 지양한다. 때로는 사투리가 지역성을 보여주는 유용한 의사소통 방법이지만, 듣는 이가 이해할 수 있는 수준에서 사용한다.

넷째, 외모의 변화 행위이다. 용모가 단정하고 복장이 단정해야 한다. 자연에 방해가 되는 진한 향수나 화장, 해설할 때마다 과하게 흔들리는 장신구 등은 해설에 집중하기 어렵다. 야외에 어울리지 않는 복장과 신발, 모자, 선글라스 등이 이에 해당한다.

방문객들이 선호하는 해설

같은 해설을 여럿이 한다면 특별히 좋아하는 해설사에게 해설을 듣고 싶을 것이다. 재방문자일 경우에 경험적 평가로 선호하는 해설사가 있기 마련이다. 해설사가 다수 배치된 기관 단체의 전시체험관은 시간별 해설사를 구분하고 있다. 가끔은 방문자가 어떤 해설사를 선택해 해설을 듣느냐가 체험 활동의 기준이 되기도 한다.

○ 감각기관을 잘 활용하되, 특히 방문자들은 적극적으로 눈 맞춤을 할 때 방문자는 기쁨을 크게 느낀다. 이는 눈 맞춤이 가장 기본적인 비언어적 의사소통 방법이자 정서적 행동으로, 해설사의 말에 경청하고 있음을 표현하는 것이다. 이와 같은 긍정적인 반응은 신뢰라는 심리적 속성을 저변에 깔고 있다. 자신이 흥미가 있는 것에 관심을 보이고, 서로 교감하고 있다고 느끼며, 만족과 행복감을 경험하기도 한다.

○ 유머는 방문자의 문화·경험·성격·특성에 따라 다르게 받아들일 수 있다. 해설에서 유머는 웃음, 풍자, 해학, 익살스러운 상상, 코믹하고 즐거운 상태 등의 행동이나 노력을 말한다. 대체로 정보와 지식의 욕구가 낮을 경우, 유머가 효과적이지만, 인지 욕구가 높은 방문자의 경우, 정보 중심의 해설에 긍정적이다. 해설에 유머의 영향은 해설에 친근감을 주어 활동에 효과를 준다. 유머와 같은 감성적 메시지가 이성적 메시지보다 태도 형성에 효과적으로 나타나기 때문이다. 그러나 과도한 유머는 오히려 주의를 분산시키거나 진지하지 못한 해설로 비칠 수 있으므로 분위기를 파악해 지나치지 않도록 한다.

○ 해설사는 새로운 정보에 눈을 뜨게 도와주어야 한다. 환경이 지닌 아름다움과 다양성, 상호관련성, 앎 등에 관해 해설사가 느끼는 바를 방문자가 느끼도록 할 때, 방문자는 흥미를 갖고 해설 속에 참여할 수 있다. 이로써, 새로운 정보에 대해 스스로 의미를 생성할 수 있다.

○ 열정적인 해설사를 방문자는 선호한다. 열정은 방문자에게 해설사의 감정을 공유하도록 해주고, 해설의 내용을 전달하는 데 긍정적으로 작용한다. 해설사의 정서적 특성이 해설 과정에 적용되기 때문이다. 열정은 어조의 변화, 적절한 손짓, 몸짓, 특정 언어의 사용 등 적극적인 비언어적 표현을 하는 특성을 포함해 나타난다.

○ 반면, 무미건조한 강의, 말이 너무 많은 해설사, 너무 기술적(전문적)인 프로그램, 길고 열정이 없는 해설은 방문자가 선호하지 않는 해설이다.

그림 2 원줄기에서 뻗어 나간 가지 가운데, 나의 인생을 닮은 가지를 찾아보자. (천연기념물 제545호 대전시 괴곡동 느티나무)

PART 3

해설자원은 어디서 찾나요?

제1장

감성 가치가 있는 해설자원

스토리텔링을 위한 해설자원의 발굴

해설이 지식과 정보 위주의 전달이 아닌, 흥미를 갖고 몰입하게 하려고 스토리텔링 기법이 동원된다. 스토리텔링은 방문자를 중심에 두고 상호작용을 통해 방문자가 흥미를 갖고 상상할 수 있도록 스토리를 만들어가는 기술이다. 이는 방문자의 만족도에 영향을 주어 새로운 관심과 재방문으로 이어지게 한다.

스토리텔링 해설을 위해서는 스토리가 존재해야 한다. 스토리는 사람, 사건, 배경의 세 가지 요소로 이루어져 있다. 사람은 사건과 관련이 있고, 사람이 사건을 이끌어간다. 배경은 사건이 발생하는 세계인 것이다.

해설사는 무엇을 말할 것인가, 이야기의 주제를 선정하기 위해, 스토리의 3요소가 되는 이야기 자원을 발굴해야 한다. 비록 스토리의 3요소를 덜 갖추었다 하더라도, 해설사는 자원의 배경이 되는 자연적·역사적·문화적 지식과 정보를 서로 유기적으로 연결하여 해설하는 것이 중요하다. 그러기 위해서는 주제의 연구에 있어 자연과학과 인문학에 대한 통찰적 사고가 필요하다.

방문자에 따라 주제에 대한 지식과 관심 정도가 다를 수 있다. 탐방객의 성향, 신체적 특성과 언어, 학습양식 등 방문자의 특성이 주제 연구에 영향을 준다. 또한, 계절과 시간 조건 등도 주제의 연구에 고려되어야 한다.

해설은 일방적인 해설이 아닌 질문을 통해 호기심을 유발하여 해설에 방문자들을 참여시킨다. 대답을 유도하는 질문으로 줄거리의 흐름을 만들어가는 것이다. 해설사는 그 장소가 내포하는 메시지를 방문객이 감상하고 상상할 수 있도록 그들에게 새로운 인식의 창을 열어주어야 한다.

자원의 발굴은 현장 조사, 문헌 조사, 면담 조사, 브레인스토밍을 통해 이루어진다. 현장 조사는 주요 탐방로를 방문하고, 탐방객의 방문 특성을 파악한다. 주변 마을의 특성과 지형 및 지질의 특성을 방문하여 조사한다. 중요한 것은 현장에서만 얻어질 수 있는 직접적 지식의 해설이다. 해설사의 현장 방문이 중요한 이유다.

문헌 조사는 자연 자원에 대한 기초 현황과 지형·지물, 지형의 생성 원리, 생태조사 자료 등을 지역의 도서관과 향토자료관, 학술정보 등의 문헌과 언론의 평도 확인한다. 이외에 배경 설화, 구비 전승담, 에피소드, 역사적 배경과 사실, 역사적 변모, 역사문화자료 등을 참조한다. 인터넷이 확산하면서, 일부 개인 블로그 자료 등 검증되지 않은 정보가 정설화되어 있는 것은 유의해야 한다. 국회도서관 등을 검색해 학술자료 등 검증된 학술지 및 보고서 등을 참조한다면, 더욱 정확하고 신선한 문헌 조사 자료들을 발굴할 수 있다.

면담 조사는 기존 프로그램의 운영 여부와 개발 방향, 개발 가능 자원에 대해 관련한 전문가와 향토사가의 의견을 듣는다. 현장 조사할 때 만난 방문객과 현지 주민과의 면담은 때에 따라 채록의 가치가 있다. 현장을 잘 아는 사람은 주민이기 때문이다.

그림 1 세종시 장남 평야 황새 @김지훈

브레인스토밍은 논리적인 사고에 의존하지 않고, 자신의 아이디어를 자유롭게 제시함으로써, 창의적인 아이디어를 효과적으로 수집하는 방법이다. 지역의 자연환경과 속한 역사 문화적 배경에서 생물문화 다양성, 토착적 생태지식을 키워드로 끌어낼 수 있다.

표 1 스토리텔링을 위한 해설자원 조사

순 서	내 용
주제의 선정	우리나라에 오는 황새
주제를 좁힘	서식처가 먼저냐 복원이 먼저냐
청중식별	황새에 대한 지식 (어린이, 성인, 도시인, 농촌인) 자연생태 관심 유무 (동아리, 자원봉사, 환경단체, 탐방경험 등) 탐방객 성향
주제의 연구 -현장 조사 -문헌 조사 -면담자료	역사 속 우리나라 황새에 대한 이야기(배경 설화, 구비 전승담, 에피소드, 고서, 동화, 시, 교과서)와 같은 문학적 요소, 역사적 요소, 감각적 요소, 지역의 고유성 등, 새로운 자료의 발굴과 해석(한문, 번역 등) 현재 우리나라 황새 생육 실태 및 도래 현황 등의 기존 분석 자료 황새 서식 농촌의 지형지물 경험하기 현재 황새 복원프로젝트의 연구, 전문가 의견 철새 도래지 황새관찰 경험 나누기 연관 자료 황새 마을 탐방자 경험 나누기 다른 복원 종 관심 유무(산양, 여우 등) 황새 관광의 오락적 흥미 요소(에피소드, 찬사, 언론 평, 축제 및 이벤트 체험요소, 산물 구매 및 즐길 거리, 외부 평가 및 관광객 호응도, 숙박 쉼터) 서비스적 요소(여행 길잡이 용어, 인근 연계 식당, 접근성 및 교통편, 체절음식)
브레인 스토밍	황새의 울음소리 들음 황새의 포란 영상 황새 고유의 특성 도래지 황새 동태 비디오 영상 다양한 황새의 캐릭터 사진 황새의 포식과 집단 사육 스토리 기록 황새의 섭식 및 서식환경, 성격 및 생태 황새 월동 도래지 실태 황새의 이동 경로 황새에 대한 외국의 정서 예산 황새 마을에서 황새와의 공생방법 일본의 두루미와 관광 황새 농산물

생태자원의 감성 가치

자연계에 존재하는 것들은 인간에게 그 가치가 인식되었을 때에, 특히 이용 가치로 인식되었을 때에 비로소 생태자원으로서 지위를 갖는다. 특히 동식물 자원의 경우는 상징적인 가치가 있을 시, 지역의 상징자원으로서 기능할 수 있다. 상징가치로 인식되기 위해서는 희소성이 있어야 한다. 깃대종이 좋은 예이다. 깃대종은 어떤 지역의 생태나 지리적 특성을 대표하는 종으로, 중요하다고 인식해 보호할 필요가 있다고 여기는 동·식물 종을 말한다.

또한, 상징자원으로 인식되기 위해서는 그 대상이 오랜 시간에 걸쳐 생성되었거나, 보존과 유지를 위한 노력이 수반되어 부가가치가 있어야 한다.

울산의 태화강 대숲의 경우가 그렇다. 과거 태화강은 환경부에서 지정한 하천등급 6등급의 수질이었다. 6등급은 10ppm을 이야기하는데, 태화강은 무려 11.3ppm이었으니 고기가 죽고 악취가 나서 시민들에게 외면당하는 하천이었다. 태화강 보존회가 중심이 되어 자연녹지였던 대숲을 보호하고자, 주거지역에서 자연녹지로 환원 운동을 했는데, 울산시 인구 9만 명이 서명에 참여했고, 내셔널 트러스트 운동을 통해 십리대숲이 조성되었다.

그림 2 울산 태화강 십리대숲

십리대숲은 단순한 수변공간이기보다 시민들에게는 시민과 행정이 힘을 모아 역사를 일궈낸 뜻깊은 공간이다. 태화강의 수질과 자연환경이 바뀌면서 자연이 살아나고 있다. 고기가 죽고 악취가 나던 강이 떼까마귀와 백로와 바지락이 돌아오고, 재첩과 연어, 은어, 황어가 돌아오는 하천으로 변한 것이다.

그러나 지역 자원은 있는 그대로의 상태로는 감성 가치를 포함하지는 않는다. 음이온이 나오는 대숲을 걸을 때 고즈넉함이 있고, 여름철은 시원하게 쉴 수 있는 안온함이 있다. 겨울철 황혼과 어울려 하늘을 시커멓게 물들이며 대숲으로 돌아오는 떼까마귀의 군무는 아름다움을 넘어 경이롭다. 이렇듯 자원의 가치가 감성적인 부가가치가 있을 때, 상징가치로서 인식될 수 있다. 지역의 생태자원들을 감성 가치로 잇는 것은 그래서 매우 중요하다.

자연 자원

(1) 해설자원으로서의 자연 자원

자연 자원은 생물과 서식지 그리고 환경과 생태시스템에서의 상호작용을 모두 포함하며, 인간에게 이롭게 활용할 수 있는 요소들을 말한다. 자연 자원의 유형은 식물자원, 동물자원, 지질자원으로 구분한다. 식물자원은 특정 식물 종, 특정한 식생 군락 그리고 문화와 관련이 있는 마을 숲, 노거수 등이 있다. 동물자원은 조류, 양서류, 포유류 등과 이들의 서식처가 있으며, 지질자원은 산림 내 특이 지형을 형성하는 암반 지질 구조와 지형, 경관이 있다.

하천을 예로 들자면, 하천은 경관을 형성하고, 하천 구조에 따른 식생이 다양하게 분포하며, 하천을 기반으로 서식하는 동물자원이 있다. 또한, 여울과 소, 하중도 등과 같은 하천지형 자원이 있다. 지형에 따라 낙차에 의해 생성되는 여울은 야트막한 바닥을 형성한다. 여울에서의 물고기와 다슬기 채취, 물놀이, 여울 건너기 등 자연 자원을 대상으로 한 생태문화 해설자원들은 경제적인 면에서 지역주민에게 이익을 줄뿐더러, 환경을 보전하고 교육적인 효과도 겸하고 있어서 생태문화자원의 활용가치는 매우 높다.

그림 3 하천의 얕은 바닥에 주저앉아 다슬기를 잡고 있다(옥천 지탄리 금강)

(2) 자연 자원이 얼마나 생태적인가?

울산시의 세 가지 보물은 까마귀, 백로, 바지락이다. 서해안에도 바지락이 많이 나지만, 울산 태화강 하구의 바지락은 남해안 종패 공급량에 70%를 담당할 만큼 많다. 최근에는 재첩도 많이 보이는데, 30~40년 동안 사라졌던 재첩이 다시 돌아오고 있다.

4월이면 황어가 태화강을 따라 시커멓게 올라온다. 가히 물 반 고기 반이다. 6월과 7월엔 은어가 올라오는데, 7월과 8월이면 수박향이 난다. 11월은 연어가 올라온다.

연어가 올라온다는 것은 수생태계가 완성되었다는 것을 의미한다. 보통 수생태 복원의 최고 목표를 연어의 회귀로 보기 때문이다. 양양의 남대천이나 경북의 왕피천도 연어가 도래하는 곳이고, 울산의 태화강도 2003년도부터 현재까지 개체 수가 지속해서 증가하고 있다. 연어의 알을 키워 치어를 3월에 방류하면, 이들은 북태평양 알래스카로 가서 빠른 것은 3년, 늦은 것은 6년 동안 몸집을 키워 다시 찾아온다.

연어가 고향을 찾아오는 이유는 태화강 하천의 냄새를 맡고 오기 때문이다. 후각신경을 제거한 연어와 제거하지 않은 연어를 실험한 결과, 후각신경에 의해 연어는 고향으로 회귀한다는

그림 4 울산 태화강 지천인 무거천으로 회귀하는 연어

보고가 있다. 황어나 은어는 가까운 연안에 있다가 올라오지만, 태화강에 올라온 연어는 태화
강 지류 중 무거천으로 연어가 올라온다. 왜냐하면, 무거천은 태화강물을 펌핑한 하천이기 때
문이다. 태화강 물 내가 나는 무거천으로 연어가 올라가는 것도 후각신경에 의한 회귀이다.

   이렇듯 지역의 자연이 자원적 요소를 갖추기 위해서는 자연이 잘 보존되어 있고, 자연의 관
리가 생태적이어야 한다. 자연 자원의 관리가 생태적인가는 지속가능성을 중요시하는 지역에
서 생태적 자원관리의 개념이 지역 전략에 맞게 제공되는 관리를 말한다. 자연 자원의 관리는
장기적인 안목에서 생태계의 변화를 염두에 두어 계획되어야 한다. 목표를 설정하고 성취도를
상시 모니터링 해야 하고, 생태계를 포함하고 있는 시스템과 자연경관 유형에 따라 다른 특수
함을 이해해야 한다.

(3) 자연에 대한 애호가 있는가?

충북 옥천군 동이면 안터마을은 반딧불이가 대규모로 서식하는 곳이다. 마을은 대청호반을 접하고 있어 상수원 보호구역 안에 자리하다 보니, 자연스럽게 생성된 습지가 잘 유지되었다. 이에 마을주민들도 청정함을 유지하고자, 친환경 주민공동체를 조직해 자연환경국민신탁과 보전협약을 맺는 등 수변의 무분별한 토지의 이용과 개발에서 반딧불이 서식지를 지키고 있다. 5월의 늦은 밤이면, 운문산 반딧불이의 신비한 푸른빛을 보고자, 전국의 아이들이 아빠 엄마 손을 잡고 안터마을로 모여든다.

안터마을 반딧불이 축제는 동네 사람들이 열어가는 작은 축제다. 규모는 마을주민들이 운영 가능한 범위로 하여, 방문객이 많이 오는 것도, 축제가 커지는 것도 원하지 않는다. 다만, 주변 서식처 환경을 잘 보존하여, 반딧불이를 지속해서 볼 수 있기를 바랄 뿐이다. 외부의 후원을 받지 않고 주민들이 자발적으로 열어간 행사는 2009년부터 이어졌다. 여름에 들며 길어진 해가 저물고 어둠이 내려앉으면 25인승 버스가 반딧불이 서식처로 탐방객들을 데려다준다.

최근 반딧불이 축제를 반딧불이 잔치로 이름을 바꿨다. 동네잔치를 지향하고자, 주민들이 잔

그림 5 옥천 안터마을의 애반딧불이 @자연환경국민신탁

치국수를 내고, 모닥불에 가래떡도 굽는다. 반딧불이가 영화에 등장하는 환경영화를 밤새 상영한다.

자연과의 상생을 선택한 주민들에게 자연은 지역에 생태관광을 통한 이익을 주고 있다. 마을이 반딧불이에 대한 사랑과 그 서식처 보존에 더 열을 올려야 하는 분명한 이유다.

(4) 자연 자원이 지형 및 지질 특성이 있는 자원인가?

충남 도청이 내포신도시로 이전했다. 안 내(內), 포구 포(浦). 포구의 안쪽, 즉 내포는 바다나 호수가 육지로 쑥 들어온 부분을 말한다. 동해안에는 내포가 없다. 예전부터 서해안에 면한 가야 산맥 주변 열 개 고을을 내포라 일렀다. 아산, 당진, 서산, 홍성, 보령 일대를 내포라 이른다.

내포 지역은 바다 수심이 얕다 보니 갯벌에서 어패류와 새우가 많이 났다. 그중 특히 충남 홍성군 광천읍의 토굴 새우젓은 강경 새우젓과 우열을 가릴 수 없을 만큼 전국적으로 유명하다. 토굴 새우젓이 만들어지는 광천의 독배마을 뒷산에 오르면, 백 년은 족히 넘을 아름드리 늙은 벚나무들이 양쪽에 서 있고, 산 정상에는 풍어제를 지내던 사당이 있다.

산 정상에서 바라보면 가늘고 긴 냇가가 마을 앞 옹암포구를 따라 흐른다. 이전에는 제법 넓고 깊은 수로였던 옹암포구는 서해에서부터 무려 12km나 물이 들어와, 배가 지금의 보령 청소면까지 들어왔었다. 그러나 광천천 하류에 보령방조제가 생긴 후부터, 그 넓은 수로는 작은 냇가로 변했고, 목선 하나만 덩그러니 누어 과거의 풍상을 말하고 있다. 그 냇가를 끼고 솟은 산의 땅속에는 거미줄처럼 얽혀있는 토굴들이 산재해 있다. 황금을 캐던 광산이었던 이곳이 저장고로서 새 이름을 갖기 시작한 것이다.

일제강점기에 충청도 지역의 금광을 일본인들이 개발해 강과 산에서 사금을 채취했다. 이 광천지역에서도 차령산맥 줄기의 아차산 자락에 광산들이 있었다. 홍성에 황금광 시대가 왔다는 기사가 1931년 동아일보 기사에 실릴 만큼, 심지어는 농부들도 광산에만 가서 일하니까, 농번기에 일꾼 부족 사태까지 왔다고 한다. 해방되고 옹암포구 주변이 항구의 기능을 하면서, 주변의 광천장이 발달하게 되었다. 1950년도에 옹암포구에 산사태가 나게 되는데, 사금을 채취하는 과정에서 토사가 유입되면서, 옹암포구의 수위가 낮아지게 되었다. 그리고 1970년도에 태안반도와 안면도를 잇는 연륙교가 생겨, 운송수단은 해상에서 육로로 바뀌게 된다. 주변 지역을 개간하고, 보령방조제가 만들어지면서 옹암포구는 완전히 기능을 상실하게 되었고, 광천 새우젓

더 자연스러운 자연해설: 자연의 언어는 자연해설사를 통해 의미가 된다

으로 명맥을 잇고 있다.

광천 새우젓의 특징은 토굴 새우젓이다. 토굴은 항상 일정한 온도를 유지하기 때문에 발효식품인 만큼, 인위적인 온도조절 저장방법과는 다르다. 토굴에서 숙성이 잘 된 새우젓은 단맛이 나고 살이 단단하며 젓 국물이 하얗고 맑다. 특히 토굴 새우젓이 겨울철에 더 주목받는 이유는, 활석암반 토굴 속에서 14℃의 일정한 온도로 1년간 숙성 보관되기 때문이다. 양념이 속살까지 잘 배서 독특한 맛과 향이 월등하다.

옹암포구가 있는 독배마을 바위산 밑으로는 활석암 암반을 꼬불꼬불 파 들어간 새우젓 토굴이 40개가 넘는다. 폐광의 높이는 2m, 길이가 200m나 된다. 여기에 새우젓 드럼통이 수백 개가 늘어져 있다. 김장철을 앞둔 시즌에는 이 토굴의 양쪽으로 2만여 통의 새우젓 통이 빽빽하게 들어앉아 발 디디기 힘들 정도다.

내포라는 지형적 여건이 만들어낸 포구문화와 광산의 지질적 특성을 활용한 토굴 새우젓은 지역의 자연 자원이 될 만한 스토리이다. 자연 자원 외에도 지형적 여건과 지질적 특성은 환경적 문제를 야기하기도 한다. 일본의 미나마타병은 세계대전을 준비하는 과정에서 광산에서 유출된 카드뮴이 하천을 타고 바다로 유입되면서, 인근의 생태계가 오염되고 결국 인간에게 되돌아 온 환경병이었다. 우리나라도 이러한 광산과 연계한 하천 지형은 일제의 지하자원 수탈과정에서 수반되었을 것이라 추정하는 수질오염과 생태계 교란뿐만 아니라, 최근에도 폐석면광산으로 인한 토양 오염이 쟁점이 되고 있다.

그림 6 광천 토굴 새우젓

지형이 인공으로 성형되면서 사라진 자원도 있다. 충북 옥천군은 시인 정지용이 태어난 곳을 인물 스토리텔링하여 향수백리길을 지정하였고, 이 가운데 금강을 따라가는 향수백리길의 특징은 여울이 산재해 있다. 이 지역 사람들은 여울을 에너지로 사용했다. 가덕리로 들어가는 여울에는 지금 가덕교가 놓여 있는데, 과거에는 가덕리 앞 어신 여울에서 이 여울 물살을 이용해 물레를 돌렸다. 강가에 많이 재배한 밀과 보리를 찧는 방아, 즉 물

그림 7 여울에 물레방아가 있었던 청마여울의 옛 모습

레방아를 돌렸다. 강여울의 물 흐름이 에너지 자체이다 보니, 터빈을 돌려 소수력발전을 하는 것과 같은 원리이다. 이렇게 소가 끄는 디딜방아나 손으로 빻는 손 방아보다 쉬운 에너지를 이용할 수 있으니, 가덕리에서 먼 합금리와 고당리에서도 이 어신여울로 방아를 찧으러 왔다. 강이 인간에게 주는 혜택은 비단 먹는 물과 그 속에 서식하는 식량 자원에 국한하지 않는다. 선현들은 살면서 강을 유용한 도구로써 이용하는데, 자연을 거스르지 않고 공생하는 법을 알았다. 강이 이용의 대상이었지만, 물길을 바꾸거나 물의 기운을 역행시키는 등 그것의 존재가 갖는 속성을 절대 거스르지 않았다.

(5) 자연 자원에 그간 생태조사 자료가 있는가?

4대강 사업이 한창이던 시절에 대전도 갑천 하류부에 제방을 높이고, 둔치에 축구장과 게이트볼장을 다수 조성할 계획이었다. 사업대로라면, 하천에 기반을 두고 사는 생물들의 자리는 완전히 사라지는 것이다.

이에 하천 둔치의 체육 공원화를 막으려는 방법으로 시민들이 행동한 것은 하천 모니터링이었다. 당시만 해도 4대강은 속도전이었고, 이 공사를 멈출 수 있는 유일한 방법은 환경부의 법정 보호종이 발견되면 가능한 일이었다. 당시 환경영향평가가 워낙 유연하게 진행되다 보니, 법정 보호종이 많이 누락이 된 상태였다. 때는 여름철이었기 때문에, 하천에서 발견될 수 있는 것들 가운데, 미소 서식지를 기반으로 한 맹꽁이를 모니터링하기 시작했다.

맹꽁이는 일 년 내내 땅속에서 지내다가, 장마철이 되면 짝짓기를 하기 위해 잠시 땅 위로 나와 울음을 운다. 맹꽁이의 생태는 밝혀진 바가 거의 없어, 매우 신비스러운 동물이다. 대부분의 양서류는 봄철에 산란하고 변태가 끝나면 산이든 어디로 이동해 자취를 감추는 데 반해, 맹꽁이는 유독 더운 한여름에 알을 낳는다. 그것도 장마철에 한시적으로 고인 물웅덩이에 낳다 보니, 한여름 땡볕에 고인 물이 금방 마르기 전에 알은 굉장히 빠른 속도로 발생을 한다. 뒷다리와 앞다리가 나오고 꼬리가 들어가면 유생기가 완료되는데, 일반적인 올챙이들과 비교도 안 되게 빠르다. 어떤 경우는 워낙 물 온도가 높아 이틀 만에 변태해 땅속으로 들어가는 예도 있다. 땅속에서 대부분의 생애를 사는 맹꽁이다 보니, 높은 여름철 온도를 피하고자 유전적으로 빨리 발생을 해 땅속으로 들어가도록 진화되었다. 따라서 여름철을 빼고 맹꽁이를 보기는 그리 쉽지 않다.

시민들의 지속적인 모니터링 결과, 그 맹꽁이 소리를 금강과 갑천 합류점인 4대강 공사현장에서 듣게 된다. 장마 기간 내내 새벽부터 한밤중까지 이어지는데, 소리가 나는 면적이 매우 광범위했다. 조금만 늦었어도 축구장이 만들어졌을지 모르는 다급한 상황에 듣게 된 맹꽁이 소리가 아닌가? 시민들은 금강유역환경청과 대전시에 이 사실을 알렸고, 전문가들의 조사가 상당 기간 이루어지면서, 결국은 이곳을 4대강 공원화 사업지역에서 제외했다. 4대강 인공습지 사업에서 자연 습지로의 전환이 이루어진 것이다. 중부권에서 최대의 맹꽁이 서식지라고 당시 조사 발표가 났었고, 이곳을 생태교육의 현장으로 삼고자 대전시는 맹꽁이 공원으로 명명하였다. 시민들의 생태모니터링이라는 노력이 그 빛을 발한 것이다.

그림 8 체육 공원화가 되기 직전 발견된 맹꽁이 서식처(대전)

그림 9 4대강 사업에서 제외되어 맹꽁이 공원으로 탄생함(대전)

더 자연스러운 자연해설: 자연의 언어는 자연해설사를 통해 의미가 된다

문화자원

문화자원은 유형 자원, 무형 자원, 민속 자원, 명승 및 천연기념물로 구분될 수 있다. 특히 역사문화자원은 문화재를 포함하는 더욱 넓은 범위의 개념으로, 문화재뿐만 아니라 문화재로서 잠재적 가치를 가지고 있는 것까지 포함한다.

지역의 역사문화자원은 마을의 역사와 정서가 담겨있기 때문에 오랜 기간 살아온 그 지역주민에게 친숙한 요소다. 특히 세시풍속은 곧 제례 문화와 관련이 있다. 우리 민족에게 농업과 어업은 자연에 기대어 이루어졌다. 따라서 풍년과 무사 안녕을 기원하는 제례와 세시풍속은 역사적 산물이다. 당산제, 수신제, 달맞이 등은 마을주민 전체가 참여하여 연례행사처럼 거행되고, 이에 얽혀있는 역사적인 이야기가 전수된다. 농업사회에서 노동의 고충을 놀이로 해갈하고자 민속놀이와 노동요 등이 발달했다. 또 집안과 관련 있는 역사문화자원은 그 내력을 갖고 전통 생태지식으로 남아 주민 생활과 밀접한 관련이 있다.

(1) 역사적 스토리가 있는 문화자원인가?

충남 태안의 황도 붕기풍어제는 천년이 넘는 전통을 이어오고 있다. 이곳은 자욱한 안개 때문에 황도 어민들이 바다에서 길을 잃기 일쑤였다. 그렇게 헤맬 때, 당산에서 비치는 밝은 빛의 인도를 받아 무사히 배가 집으로 돌아오곤 했는데, 그때부터 이를 기리기 위해 풍어제를 지내게 되었다. 음력 정월 초이튿날이면, 이 풍어제는 소를 잡아서 피 고사를 먼저 지낸다.

풍어제는 세경굿, 당 오르기, 뱃기경주, 본 굿에 이르기까지, 그 이튿날까지 뱃고사와 강변 용신굿, 파제가 순서대로 이어진다. 여기엔 주민들의 풍어와 무사 안녕을 기원하는 제례 행사이다 보니, 주민들이 늘 같이 따라다닌다. 과거에는 닷새를 다 해야 끝났다고 하는데, 요즘은 이틀 행사로 줄여서 하고 있다. 특히 이 황도 풍어제는 서해안 배연신굿과 대동굿 인간문화재인 김금화 만신 일행이 이끌고 있다. 만신은 여자 무당을 높여 부르는 말이다.

풍어제에는 소 한 마리를 잡아서 온 동네 사람들과 구경 온 사람들에게 푸짐하게 나눠준다. 커다란 가마솥 두 개에서 고깃국이 푹푹 끓고, 아무나 마음껏 가져다 먹는다. 당집 한편에서 소의 살점을 발라내고 있는데, 큰 통나무 다발에 피워놓은 모닥불에 대나무 꼬치에 낀 고깃덩어리들을 직접 구워 먹는다. 진귀한 무녀의 굿 제례를 구경할 겸, 이렇게 먹을거리 풍부한 가운데

그림 11 태안 황기풍어제 @박청제

그림 12 소 한 마리 잡아 꼬치에 꿰어 마을 사람들이 나눈다.

더 자연스러운 자연해설: 자연의 언어는 자연해설사를 통해 의미가 된다

치러지니, 동네 사람뿐 아니라, 외지에서 구경 온 사람들이 많다. 모두 같이 한 해를 기원하는 자리이다. 마을의 당산 숲과 성황당은 한국 사람이면 익숙한 문화경관이다. 온 마을을 도는 풍장을 따라 동네 사람들이 긴 줄로 따라가는 모습은 축제 분위기이다.

(2) 문화자원이 지역의 정체성을 반영하는가?

유무형의 자원, 민속 자원과 같은 문화자원은 지역의 문화적 정체성을 보여주는 매개체로서 존재한다. 한마을 사람들은 동일 문화를 공유하는 문화공동체이다. 단순히 눈으로만 보는 단순한 기념물이라면 방문자들에게 별다른 감흥을 줄 수가 없다. 그 마을에만 존재하는 유일성이어야 하고, 그 지역의 정체성을 전달하는 매개체로서 지속해서 방문객을 유인하는 요인이 되어야 한다.

서해안으로부터 배를 타고 금강을 거슬러 올라가기 위해서는 조수를 잘 이용하는 것이 중요했다. 밀물 때가 되면 바닷물은 강경을 지나 부여의 규암까지 올라갔으니, 서해에서부터 60km 떨어진 곳까지 바닷물이 영향을 미친 것이다. 강경은 내륙에 있는 바다 포구나 다름없다 보니, 특별한 조석표가 있었다. 조석표는 섬이나 바다에만 있는 것으로, 밀물과 썰물이 들어오는 시간을 알려주는 것이다.

강경의 장시가 수운 교통을 중심으로 하므로 바닷물의 조석표는 중요했다. 조석표는 강경읍 금강 변 옛 강경포구 옆 옥녀봉 정상 부근에 있는 천연바위 절벽에 새겨져 있는 암각문이다. 이 조석표 암각문은 1860년대에 제작되었는데, 총 190자의 글자가 새겨져 있다. 그 내용은 강경포구에 밀물과 썰물이 발생하는 원인과 시간, 높이를 기록해놓고 있다. 당시만 해도 이때까지 우리나라에 있던 조석표는 시각의 변화만을 다루면서, 물살의 세기를 언급할 뿐이었는데, 이 암각문에는 밀물과 썰물이 드나드는 원리를 전통사상에 따라 풀이하고 있다. 이 암각문을 쓴 '송심두'라는 사람은, 만조 시각과 함께 물의 높이를 다루었고, 또 그것을 계량화하여 표시했다.

이 암각 해조문은 비록 소박하지만, 현대 조석표의 두 요소인 시각과 높이를 모두 갖춘 우리나라 최초의 조석표이다. 또한, 시간과 함께 우리나라에서는 최초로 수심의 높이를 계량화하여 기록함으로써 현대적인 조석표의 구성요소를 구비하여, 우리나라 해양사에도 큰 의미가 있다.

그 해조문을 번역하면, 땅은 바다와 더불어 떠 있으면서 기를 따라 오르내린다. 땅 위에 강물이 1에서 생겨나, 바다로 돌아가니, 이것이 썰물이다. 땅 아래의 바닷물이 6에서 이루어져 강으

그림 13 해조문이 있는 강경 옥녀봉의 과거 모습(강경근대역사
전시관)

그림 14 옥녀봉 바위에 새겨진 해조문

로 들어가니, 이것이 밀물이 된다. 밀물과 썰물은 십 이상 사이에서 생기는 것이니, 묘와 유에서 시작된다. (중간 생략) 땅이 헐떡임이요, 바다가 숨을 쉼이다. 십 오류에 나뉘고, 십일에 이루어져 나아가고 물러나니 밀물이라 썰물이라 이름하네. 배를 따라 불어나고 줄어들며 호흡을 하여 바다로 들어가고 강으로 흘러들어, 흐려지고 맑아지네.

한강과 낙동강, 영산강, 섬진강에 유서 깊은 포구들이 많지만, 고기잡이와 항해, 소금 생산 등 해양 관련 모든 부문에 쉽게 이용할 수 있도록 해조문을 새겨 놓은 곳은 강경포구밖에 없다. 이렇게 강경은 과학적인 조석표까지 새겨놓았던 옥녀봉의 경관 생태적 가치도 클 뿐 아니라, 조선 후기 우리나라의 3대 시장이자 금강의 대표적인 포구로서 백제 역사 못지않은 이야깃거리를 갖고 있다.

(3) 문화자원이 전통생태지식이 있는가?

전통생태지식이란 한 세대에서 다음 세대로 전달되는 지식으로, 자연과 더불어 대대로 생활해 온 사람들에 의해 구축된 지식체계이다. 전통을 토대로 한 산업, 과학, 생태, 문화, 예술적 지식 가운데, 생태적 측면과 관련된 우리나라 고유의 지식체계를 말한다. 전통생태지식은 타 지역과 구별이 되는 지역적 특색으로 가치가 있다. 그러나 사회변화의 속도가 빠른 오늘날에는 소실 가능성이 상대적으로 높은 지식이다.

공주지역에서는 밤송이를 겨드랑이에 끼워봐서 아프지 않으면 모내기를 해도 늦지 않았다고 한다. 농사의 절기가 지역마다 차이가 있어 생겨난 전통생태지식인 것이다.

조기가 칠산 앞바다에서부터 올라오는 철에 서해에 접해있는 군산과 서천은 대롱을 물속에 넣고 귀를 대면 와가와가 하고 개구리 우는 소리가 들렸다고 한다. 조기는 평소 저층에 살다가 산란철이 되면 수면 가까이 떠올라와 떼를 지어 다니는데, 이때 수압차로 삐져나온 부레가 이러한 소리를 내는 것이다. 또 칠산앞바다에서는 늙은 살구나무꽃이 피면 조기가 연안을 찾아온다는 신호여서 고기잡이 준비를 하였다고 하니, 실제 3~4월에 전라도 칠산 앞바다, 4~5월에 옹진군 연평도에 이르러 산란한다. 산란철 황금빛이 나는 조기의 뱃속에는 7만여 개의 알을 품고 있다.

서천평야는 금강하구둑이 생기며 논으로 형질이 변경되었지만 너른 평야는 원래 갯밭이었다. 갯밭에 흔한 갈대로 갈꽃비, 갈자리, 발 등을 만들었다. 내륙은 초근목피로 연명할 때, 해안가는 갈뿌리가 달아 자주 먹었는데, 그것도 저절로 떨어져 강물에 떠내려온 것이 더 맛있었다고 하니, 선험적인 전통생태지식인 셈이다.

(4) 지역의 음식인가?

지역의 음식은 우리나라 지형과 기후의 영향으로 다양하게 발달한 대표적인 문화적 산물이다. 음식에 이용되는 식재료와 조리법, 저장법 등이 해안가, 강가, 내륙, 산지에 따라 고유한 특성이 있다.

과거 우시장이 열렸던 곳은 육류를 이용한 음식이 현재까지 남아있거나, 쌀이 풍성한 곳은 술 문화가 잘 발달했다. 제사상에 올라가는 음식만 보아도 지역의 특성을 알 수 있듯이, 그 지역만의 독창적인 음식은 곧 경쟁력이다.

서천은 오래전부터 생태자원과 유형무형의 자원들이 생태문화 다양성 측면에서 서천의 어메니티 자원이다. 대표적인 음식이 한산 소곡주다. 서천군에서 금강으로 흘러드는 하천은 총 7개가 되는데 한산 평야 등 모두 너른 평야 지대를 형성하고 있다. 그 때문에 쌀로 빚은 전통술이 발달하였다. 소곡주를 앉은뱅이 술이라고 한 유래는 한산에 묵은 과객이 결국 과거시험을 놓쳤다고 알려져서 앉은뱅이 술이라고 했다. 또 며느리가 술맛을 보느라 젓가락으로 찍어 먹다 어느새 저도 모르게 취해 엉금엉금 기어 다녔다고 한다.

쌀로 빚은 양조주의 특징은 집집마다 맛이 다른 데 있다. 전문적인 작업장이 아니라 그 집의 할머니와 어머니 또는 며느리나 딸로 이어지는 전통적이고 고유한 특징을 갖는 가양주이기 때문이다. 유교 사회에서는 제사도 많고, 사랑방에 손님을 대비해 술을 빚어야 했다. 대부분 이런 풍습이 사라진 지 오래지만, 서천의 한산 지역은 특히 술빚기 문화가 대부분의 주민 삶 속에 잘 남아있는 것이 특징이다. 한산면 다음으로 가양주를 많이 빚는 곳이 전남 진도로, 여기서는 홍주를 빚는다.

서천의 많은 가구가 술을 빚었지만, 일제강점기에 거의 사라졌다. 일본이 1909년에 주세법을 만들면서, 집안의 술독이 사라진 것이다. 1934년에 자가 술의 면허제가 사라지면서, 일반 가정에서 술을 빚는 것이 법으로 금지되다 보니 전통주는 점차 사라지게 되었다. 그런 가운데에서도 집안에서는 밀주라고 해서 술을 몰래 빚어왔다. 나무 강년에 술을 묻어 단속을 피하려고 술을 숨기거나, 숨겨둔 술을 들키지 않고 단속반을 속인 이야기는 이 지역에 아주 흔하게 회자하는 이야기이다. 강년은 솔가지나 장작 짚단을 놓는 곳으로, 술을 숨기기 좋은 곳이다. 그러나 1965년에 박정희 정권은 먹을 쌀도 없는데 술 빚을 쌀이 어디 있냐며 식량 자급자족을 이유로 쌀로 빚는 술을 전면 금지했다. 그리하여 전통주는 아예 뿌리째 뽑히게 되었다. 이후 1970년대 중반부터 쌀로 술을 빚는 것이 허용되면서, 1979년에 충남 소곡주가 무형문화재 3호로 지정이 되었다. 전통주가 농촌의 경제에도 보탬이 된 것이다.

그림 15 서천의 한산 소곡주

더 자연스러운 자연해설: 자연의 언어는 자연해설사를 통해 의미가 된다

(5) 마을과 사람이 문화자원으로서 가치를 갖는가?

충남 홍성군 갈산면 진죽마을의 엄주영 할아버지 댁에는 홍성에서 제일 힘이 세고 일 잘하는 소가 있다. 이 소는 홍성군 내포 축제 때 우마차를 끌어주는 소로 초빙되어 할아버지에게 40만 원의 용돈도 벌게 해준 기특한 소다. 영리하여 길들이는 데도 쉬웠고, 일도 명석하게 잘해 덕분에 농사에 큰 일꾼이다. 할아버지가 부려온 지 15년 되었으니 소의 나이 15살이다. 영화 〈워낭소리〉에 출현했던 소 누렁이 나이가 마흔다섯이었으니, 열다섯 살 소는 청년이다. 할아버지 연세는 79세. 할아버지가 15살 때부터 소를 부리기 시작했으니, 지금껏 할아버지를 거쳐 간 소는 이루 헤아릴 수 없다. 봄에 언 땅이 녹자마자 소는 맨 밭을 네 번이나 갈아엎었다. 공기가 듬뿍 들어가고 흙이 기름져지라고 부지런히 밭을 갈았다. 또 자기가 싼 똥도 이 밭에 뿌렸다. 이 밭은 지렁이와 쇠똥구리가 넘쳐나고 흙 색깔도 검은 고급농토였다. 이 밭에서 수확한 육쪽마늘은 주변에서 소문이 자자할 만큼 맛있고 영양도 풍부하다. 집집마다 외양간에 소가 사라진 것이야말로 지역의 공동체가 무너지고 석유를 근간으로 한 물질의 시대가 왔다고 봐도 무리는 아니겠다.

그림 16 홍성의 일하는 소(충남 홍성 갈산)

경관자원

경관이란 눈에 보이는 자연 풍경과 인공 풍경 외에도 시각적으로 감지되지 않는 풍경을 말한다. 특히 시각적으로 감지되지 않는 풍경은 그 속에 내재된 생태계의 작용과 인간 활동의 의미까지 포함하고 있다.

일반적으로 경관은 사람들이 가진 선험적인 경험에 따라 자신의 기억 속의 장면으로 해석함으로써 주관성이 강하다. 특히 자연경관 자원은 일정 수준 이상에 도달하기만 하면 방문객이 좋은 기분을 형성하기 때문에 적극적으로 활용될 수 있는 중요한 자원이다.

경관은 사람의 손길 여부에 따라 자연경관과 문화경관으로 나눈다. 굳이 의미를 부여하자면 자연경관은 자연미로, 문화경관은 장소성으로 재규정할 수 있다.

자연경관은 인공이 가미되지 않았거나 일부 가미되었다 하더라도 전체로 보아 그 영향이 시각적 체험에 비중을 주지 않는 경관이다. 이는 산림 경관, 평야 경관, 해안 경관으로 나눌 수 있다.

자연환경은 인간에게 안전한 생존을 위한 기반 조건이지만, 가장 보편적인 미적 체험의 대상이 되어왔다. 자연미를 즐기는 것은 감성이자 욕구이며, 사회문화적인 활동과 융합된 인간화

그림 17 가을 들녘(대전 갑천 상류)

더 자연스러운 자연해설: 자연의 언어는 자연해설사를 통해 의미가 된다

작업이기 때문이다. 문화경관은 사람의 의도에 의해 조성된 인위적 경관으로, 주거 양식에 따라 도시경관과 농촌 경관으로 구분한다.

사람들은 장소를 통해, 장소에 대한 감정적 연계나 의미, 정체성을 부여받는다. 현대사회에서는 정체성이 안정적이지 못한 데 반해, 장소감은 안정적이고 지속성이 강한 편이다. 고향이나 오래된 도시 또는 유적지의 경우, 장소감 덕분에 오랜 시간의 변화에도 불구하고 그 정체성이 오래 유지될 수 있다. 장소에 갖는 감정은 개인의 의미 있는 사건이나 인물과 연결되어 특징적으로 기억될 만한 상징성을 가진다. 더욱이 특정한 경관은 장소를 경험함으로 인해, 감정적으로 의미화를 이룬다. 그리고 다른 장소와 구분되는 정체성을 형성한다. 또한, 일상에서 개인이나 집단이 경험하고 기억하고 의도한 장소에 깊은 애착을 키운다. 집에 있으면 안전하고 친근감 드는 이유다. 집뿐만 아니라 마을, 역사 문화적 장소에서 공동체적 소속감이나 친밀감을 가질 수 있다.

그림 18 수구막이 비보림(장수 천천 반월마을)

(1) 자연경관의 자연미

  전북 장수군 천천면 신기마을은 정감록 10승지 중의 하나로 풍부한 농토를 둔 최적의 은둔 장소였다. 장수에서부터 흘러간 금강이 진안 가막다리를 건너면, 본격적으로 진안의 가막리 감 입곡류 골짜기로 들어간다. 가막리는 진안에서도 장막을 더한다는 뜻으로, 까마득한 첩첩산중에 있음을 뜻한다. 강변의 고운 모래가 가득한 가막유원지 끄트머리에서 여울을 건너면 기암괴석이 물에 하반신을 드리우고 있는 장군바위를 만난다. 이곳에서 시작해 몇 번의 여울을 건너며 죽도에 이르는 동안, 금강의 절경 가운데 최극치의 아름다움을 만날 수 있다.

  사람의 손이 닿을 수 없는 천혜의 지형적 여건 덕분에 타고난 절경을 보존할 수 있었고, 상류에서 내려오는 오염되지 않은 맑고 깨끗한 물이 살아 숨 쉬는 다양한 생태자원을 키웠다. 몇 번의 너른 여울과 자갈길, 모래 밭길을 걸어 죽도에 이르는 동안, 자연이 보여주는 빼어난 풍광과 경외감에 숨이 멎는다.

  죽도는 피 흘린 기축옥사의 주인공 정여립과 관련된 역사의 현장이며, 용담호가 조성된 후, 담수로 인해 300년간 이어 온 파평 윤씨 주민들이 이주해야 했다. 또 70년대에 금강에 합류하

그림 19 인공발파한 죽도 경관(전북 진안)

는 구량천의 돌밭을 농지로 변경하고자 병풍바위를 강제로 폭파하여 구량천 물길을 금강으로 빼고자 인위적으로 바꾼 곳이다. 그로 인해 인공적이긴 하지만 절묘한 풍경이 새로 만들어지면서 전주 호남 사람들에게 사랑받는 곳이 되었다.

골짜기 바깥세상은 벚꽃이 다 진 5월에도 죽도 계곡은 산 벚꽃이 흐드러진다. 걸으면서 만나는 수달의 흔적과 물까마귀의 잠수, 죽도 폭포 아래 산천어, 여울을 건널 때 만나는 감돌고기, 바위를 뒤덮은 날도래 등 멸종위기종들을 만나는 것도 흥미롭다. 봄에 강물 가장자리를 따라 1킬로에 이르는 열을 지어 모래무지 치어가 상류로 이동하는 모습은 가히 장관이다. 다양한 생물 종을 확인하는 동안, 원시의 자연에 빠져있음을 느낀다. 물은 차서 뼛속까지 시린데 모난 돌에 맨발로 건너려니 아프다. 그러나 손에 손을 잡고 서로 격려하는 따뜻함이 있어, 죽도 여울길은 즐거움과 감동의 여운으로 남는다. 눈과 귀와 촉감이 깨어나는 오감체험으로서 죽도는 경관적 매력이 충분하다.

(2) 문화경관의 장소성

금강휴게소는 경부고속도로 상하행선 휴게소로 금강을 끼고 있다. 금강휴게소에서 나와 강길을 따라 내려가다 보면, 새로 난 금강 4교의 높은 교각 사이로 산 중턱의 마을이 보인다. 충북 옥천군 청성면 고당리마을이다.

도대체 저리 높은 절벽 같은 중턱에 언제부터 사람들이 살게 되었을까? 얼마나 불편할까? 이런 호기심과 의구심이 안 들 수 없다. 마을로 올라가는 길은 아주 좁은 산 중턱에 길을 내어 경사 각도가 심하고 위험하다. 오래된 집들의 낡고 해어진 벽을 통해, 집의 재료가 수수깡으로 엮여 있음을 알 수 있다. 산 중턱에 있다 보니 담은 모두 돌담이고, 새마을운동 마크가 찍혀있는 오래된 공동우물도 그대로다.

고당리마을이 화전을 일구어 자리를 잡은 지는 백 년 전의 일이다. 지금은 마을에 몇 대 안 되는 경운기가 그 일을 하지만, 이전에는 집집마다 키우는 소가 일을 하거나 곡괭이와 호미가 그 일을 했다.

마을 앞에 신 고속도로 교각이 생기면서 웅~~하는 굉음이 마을 전체에 진동한다. 마을주민들은 멀쩡한 다리 놔두고, 왜 또 다리를 놨는지 모르겠다며, 처음엔 시끄러워 잠도 못 잤는데 이젠 귀에 젖었다고 하신다. 시야를 다리가 막고 있어 좀 답답하긴 하지만, 그나마 차가 왔다

그림 20 금강휴게소가 보이는 고당리마을(충북 옥천)   그림 21 경사 높은 산길을 올라가야 하는 고당리마을

갔다 해서 심심하진 않다고 하신다.

　마을에는 흔한 것이 호두나무다. 부부가 해로한 어르신네는 무릎이 아파 더 이상 호두농사를 못 짓겠다 하신다. 호두를 거두어들여 집으로 갖고 내려오는 일이 여간 힘든 게 아니다. 3천 평 밭이 있어도, 지어먹지도 못하면서, 평생 일군 생각을 하면 팔기도 아깝다. 형편 생각해서 자식들이 팔라고 하지만, 그럴 수는 없다.

　마을 위에서 내려다본 금강에 물이 가득 차면, 산 아래 초등학교에 간 자식들 걱정이 컸다. 산 고개를 넘어 영동의 심천 중학교로 먼 곳까지 걸어 다니던 딸 걱정도 컸다. 사람이 와 말벗이 되니 좋다는 어르신들은 마을 자랑과 호두자랑에 여념이 없다. "호두농사 지으면 올라와. 싸게 많이 줄게. 새벽에 여기서 보는 경치가 좋아서 사진 찍는 사람들이 많이 와." 고당리 마을에 호두농사가 끝나는 한가한 즈음에 두부라도 사 들고 택시비 아까워 못 내려오시는 어르신들을 찾아뵈면 아마도 좋아하실 것 같다.

더 자연스러운 자연해설: 자연의 언어는 자연해설사를 통해 의미가 된다

제2장

사건 중심의 주제 해설

사건 중심의 주제 선정

환경문제의 복잡함과 변화성을 이해하고 그 안에 담긴 다양한 의미를 해석하기 위한 통합적인 접근방법 가운데, 사건 중심 탐구방법이 있다. 사건은 단독으로 일어나기보다는 인과관계에 따라 계속해서 연달아 일어나는 속성이 있다. 사건은 다른 것들과 어떻게 연결되느냐에 따라 의미가 생성된다. 왜냐하면, 사건은 무수한 얼굴을 갖고 있어서, 그 사건을 바라보는 관점에 따라 아주 다른 특별한 의미가 만들어지기 때문이다.

사건에서 의미를 부여해야 하는 이유는 무엇일까? 사람의 삶은 변화를 통해 학습이 이루어진다. 항상 같은 일상을 사는 삶은 의미를 만들어내기 어렵다. 내 주변에 연루되거나 벌어지는 사건들을 잘 읽어내고, 그 사건에 내가 적절히 개입해야 한다. 연속적인 사건에 질문하고 답을 찾아가는 과정에 얻은 지식이야말로 지식의 두께를 더하는 동시에, 삶을 변화시키는 원동력이 된다. 만일 그런 과정이 없이 정답을 가장한 지식은 삶에 의미 있는 변화를 끌어내기 어렵다.

사건은 쟁점을 수반한다. 쟁점은 사건을 바라보는 얼굴에 따라 어떤 상황이나 사건에 대해 의견이 합치하지 않는 것을 말한다. 사건과 연루된 다양한 측면이 있음을 안다는 것은 서로 다른 의견이 있음을 안다는 것이고, 이에 대한 질문이 생기면서 의미가 생성된다. 해설사는 그 과정에서 해설의 주제를 도출해낼 수 있다.

자연생태환경 분야의 해설에서 주제의 접근방식 가운데, 생태역사 문화적인 환경지식을 통

127

합적으로 접근한 사건 중심의 주제를 제안한다. 주제로 좋은 사건이란, 보는 측면에 따라 다양하고 의미의 지층이 두꺼운 사건을 말한다. 그렇다면, 그것이 어떤 것인가? 하나의 사건에 대해 자연 과학적인 측면과 인문 사회적 측면, 문화 예술적 측면의 논제를 심층적으로 도출하는 과정에서 사건을 둘러싸고 있는 환경적, 경제적, 정치적, 사회문화적으로 풍부한 해석을 나누게 될 수 있을 것이다. 이것이 최근 환경교육에서 다루는 통합적 접근방식이다.

국립공원 케이블카 쟁점

우리나라 국립공원 가운데 1,500m 고지까지 곤돌라로 올라갈 수 있는 곳은 많지 않다. 국립공원 덕유산의 경우, 스키장을 겸하고 있는 설천봉은 겨울 스포츠 외에도 사계절 곤돌라 관광이 인기를 얻고 있다. 특히 설천봉에서 600m 떨어진 곳에 덕유산 최고봉인 향적봉(해발 1,610m)이 있어, 체력 소모 없이 정상 조망이 가능해 연중 탐방객이 많다. 설천봉은 레스토랑과 탐방안내소가 있고, 많은 인파를 수용하기 위한 광장을 조성하였다.

설천봉 광장의 바닥에 관심을 두는 이는 많지 않겠지만, 자세히 살펴보면 어떤 특정한 나무를 베어낸 흔적이 촘촘하다. 탐방안내소의 자연환경해설사 안내를 받아 곤돌라에서 내려 향적봉까지 가는 동안, 큰 나무 앞에서 나무 해설을 듣는다. "늘 푸른 침엽의 큰키나무로 한라산 지리산 덕유산 등에서 서식한다. 추운 지방에 사는 나무로 지구온난화로 인해 점차 사라지고 있다. 서유럽에서 크리스마스트리로 인기가 많다." 바로 덕유산국립공원의 깃대종[1] 구상나무를 설명한다. 덕유산의 생태계를 대표하는 구상나무는 환경보전이 그만큼 잘 되어있음과 동시에 지속해서 보전해야 함을 알려주고 있다. 그러나 설천봉 광장을 조성하기 위해 구

그림 2 덕유산 설천휴게소

상나무는 무수하게 베어졌고, 광장 바닥은 구상나무의 그루터기가 마치 보도블록의 무늬처럼 박혀있다.

설악산국립공원을 위시하여, 국립공원의 케이블카 설치 논쟁, 신한 다도해상 국립공원인 흑산 공항 조성 등은 보존과 이용이라는 당면한 현실을 같이하고 있다. 인간에 의해 보호되어야 하고, 인간에 의해 국립공원 안에서 훼손되고 있는 것이 비단 깃대종 구상나무만 있는 것인가? 자연의 현명한 이용과 보존이라는 상충적 문제 안에서 국립공원을 바라보는 우리 시각의 다양성을 논할 수 있다.

---

1) 환경보전의 정도를 살필 수 있는 지표로 특정한 지역의 생태계를 대표하는 상징적인 동식물을 지정한다.

지리산의 반달가슴곰

　지리산의 깃대종은 반달가슴곰이다. 지리산 남부 탐방안내소의 종 복원센터에서 반달가슴곰 복원사업을 하고 있다. 현재 반달가슴곰이 야생상태에서 새끼를 낳아 자연 상태에서 잘 적응한 것으로 평가되었다. 새끼 출산은 성공적인 종 복원사업을 위한 중요한 단계로 종 복원사업의 성과를 말해준다. 종 복원사업이 단계적으로 발전하게 된다면, 늘어난 개체들이 지리산을 기반으로 야생상태에서 새끼를 출산할 것이다.

　한편으로 지리산 종 복원센터는 반달가슴곰과 마주쳤을 때 대처 요령을 설명하고 있다. 첫째, 지정된 탐방로를 벗어나지 말라. 이는 곰의 서식공간을 보호해야 한다는 뜻이자, 이 지역을 벗어나면 위험하다는 것이다. 곰은 사람보다 먼저 주변을 인지하기 때문에 대부분 곰이 먼저 피한다. 단 곰에게 사람이 위해를 가하거나 곰이 위험하다고 느껴지면 공격 성향이 있어서 사람과 갈등을 불러일으킬 수 있다. 둘째, 곰의 흔적을 발견하면 즉시 피하라. 곰의 흔적은 배설물, 발톱 자국, 발자국, 상사리[2]가 있는데, 근처에 곰이 있을 가능성이 크기 때문이다. 그런데도 곰을 만나게 되면 어찌해야 하나? 흔히 나무에 오른다. 자는 척한다고 우스갯소리를 하지만, 어떤 사람은 실제 대처 요령으로 믿는다. 우리 동화에 등장하는 야생동물의 생태가 잘못 전달되었기 때문이다. 곰은 나무를 매우 잘 타며, 곰의 무기가 발톱임을 안다면 동화에 등장하는 주인공처럼 행동하면 안 된다. 곰은 힘이 세고, 후각 청각 등 감각기관이 발달하여 학습능력이 뛰어나다고 알려졌다. 또한, 방향감각이 뛰어나서 사람보다 잘 달리고 수영도 잘 한다. 배낭에서 먹을 것을 꺼내 던져주고, 그사이 도망갈 생각이라면, 그다음엔 나를 잡아먹으세요! 라는 뜻이다. 곰은 먹이에 대한 집착이 강하여 먹이를 던져주지 말라고 설명하고 있다. 셋째, 곰은 감각이 잘 발달하여 사람과 마주치기 전에 먼저 피하므로, 소리 나는 방울이나 종 등을 배낭에 매달고 다니면 곰과 마주치는 일을 막을 수 있다. 곰이 이렇게 맹수임에도 불구하고, 곰은 잘못된 신화를 만들고 있다. 아이들은 테디베어 인형을 품에 안고 자랐고, 애니메이션의 곰돌이 푸는 귀엽기 그지없는 캐릭터이다. 제주도의 테디베어 박물관에 진열된 곰은 예쁘고 순한 동물이다. 야생의 곰은 멸종위기종이 되어 복원센터에서나 동물원에서나 볼 수 있다 보니, 야생에서 곰을 만날 확률이 크지 않으면 이런 대처 요령은 이벤트로 느껴진다.

---

2) 곰이 나뭇가지를 모아 나무 위에서 꺾어서 만든 잠자리.

그러나 만일 반달가슴곰 프로젝트가 성공하여 지리산 일원에 반달가슴곰 개체 수가 많아지는 것을 상상해보자. 과연 인간이 탐방로만 이용한다고 하여 갈등을 방지할 수 있을까? 실제 2005년에 방사한 반달가슴곰 칠선이가 지리산 산장의 쓰레기통에서 먹을거리를 뒤지는 영상이 CCTV에 찍혔다. 이는 반달가슴곰과 인간의 거리가 점차 좁혀지고 있음을 단적으로 증명한 사례로, 인명에 사상이 생기면, 종 복원사업이 과연 지속할 수 있을까?

북한산의 경우, 멧돼지가 서울의 주택가에 출몰하면서 주민들이 불안해하고 있다. 2016년에 서울시와 국립공원관리공단은 '멧돼지는 산으로!' 프로젝트를 통해 서식 밀도를 낮추고자 했었다. 엽사를 고용해 포획하여 개체 수를 조절하고, 도심 진입 차단시설을 설치하는 등 서울시의 노력에도 불구하고 멧돼지는 지금도 계속 도심으로 내려오고 있다. 시민의 안전을 확보하기 위하여, 서울시는 북한산 공원 내 샛길을 폐쇄하고 등산객들이 야생 열매를 채취하지 않도록 홍보하고 있다. 동시에 인간과 야생동물이 자연 생태계의 일원으로 공존할 수 있는 고민의 시작지점이다.

현재 지리산 반달가슴곰은 백두대간을 타고 덕유산을 지나 상주에서도 발견되고 있다. 실제 장수군에서 활동하는 자연환경해설사는 남편이 반달가슴곰과 마주쳤던 순간의 기억을 그림으로 그려 해설 도구로 사용하고 있다. 남편은 백두대간이 지나는 장수군의 번암면을 자동차로 지나던 중, 반달가슴곰이 야생동물의 이동을 막는 철제 펜스에 매달려 서 있는 장면을 목격하였다. 이처럼 백두대간의 자연생태가 우수할수록 인간에 노출되는 빈도가 높아질 것은 자명한 일이다.

적지 않은 지리산의 반달가슴곰이 덫에 걸려 고통 속에 죽음을 맞이하고, 민간의 사육 곰 문제는 상존하고 있다. 종의 복원은 서식처가 선제 돼야 하는데, 현재 우리나라의 종 복원은 국립공원의 경우 반달가슴곰 외에도 산양, 여우, 식물 등이 있고, 국내 대학 및 연구소에서 수달, 황새, 미호종개 등 다양하게 이루어지고 있다. 심지어는 호랑이까지도 말이다. 서식처 마련과 종 복원사업의 향로가 과연 평행선을 달릴 수 있을까?

그림 3 지리산국립공원의 반달가슴곰

그림 4 종 복원센터 주변에 곰 주의 안내판

우리나라 마지막 황새

충청북도 음성군 대소면 삼호리 황새마을의 경로당 건물 옆에는 일제강점기에 조선총독부가 세워놓은 황새 서식지라는 표지석이 있다. 삼호리 쇠머리마을은 칠장천이 미호천과 만나는 합수부에 있는 마을로 두 개의 하천이 넓은 논을 이루었다. 6.25 전쟁 이후 미호천 변 황새 서식지를 들자면, 충북 음성군 생극면 관성리 무수동과 대소면 삼호리 쇠머리마을을 꼽는다. 과거 쇠머리마을은 노거수인 물푸레나무가 동네 한가운데 서 있었다. 이 물푸레나무 위에는 접시형 둥지를 짓고 황새가 마을 사람들과 함께 살고 있었다. 그러다 산업화에 따른 토양과 수질 오염으로 개체 수는 급감하였다. 1971년 4월 무수동에서 수컷 황새가 사냥꾼에 의해 죽게 되고, 이후 암컷 황새 한 마리만 남아 수년간 무정란만 낳으며 살았다. 이후 1983년 창경원 동물원으로 옮겨져, 1994년 9월 서울대공원에서 죽음으로써 우리나라의 황새는 절멸에 이르렀다. 결국, 충북 음성이 마지막 황새의 고향이 된 셈이다.

1996년 한국교원대학교 황새복원센터는 독일과 러시아에서 네 마리의 황새를 들여오면서 황새복원프로젝트가 시작되었다. 2002년 2마리 인공 번식, 2003년 1마리 자연 번식, 2004년 3마리 자연 번식에 성공하면서 이후 황새는 대량으로 번식하였다. 그러나 창공을 날아올라 대륙을 오가며 먹이활동을 하는 황새가 사육장에 갇히어 닭장 속 닭처럼 하얗게 모여 있는 모습을 보는 것은 불편한 일이다. 20년 전에는 번식의 성공률 여부가 큰 과제였다. 당시 논에 줄기차게 농약을 살포했고, 논밭을 이어주는 실핏줄 같은 하천 도랑은 복개되고 직강화되거나 정비되었다. 따라서 황새의 먹이원이 될 수 있는 미꾸라지 등의 양서·파충류가 하루가 다르게 줄어들었다.

일찍부터 문화재청은 황새가 실제 1970년대까지 살았던 예산군 광시면 시목대리 인근을 황새가 살기에 적합한 곳으로 선정하였다. 삽교천과 무한천을 끼고 넓은 농경지와 습지가 발달한 곳이다. 황새마을로 선정된 2009년 이후, 친환경농법을 통한 토양 개선이 이루어졌다. 그리고 매년 황새마을에서 황새를 자연으로 돌려보내고 있다. 습지 생태계의 먹이사슬에서 최상위를 차지하고 있는 황새에게 이들의 먹이가 안정적으로 공급되지 않으면, 복원을 통한 개체 수의 증가는 의미가 없다. 농업의 홀대가 황새를 돌아오지 못하게 하는 것은 아닐까?

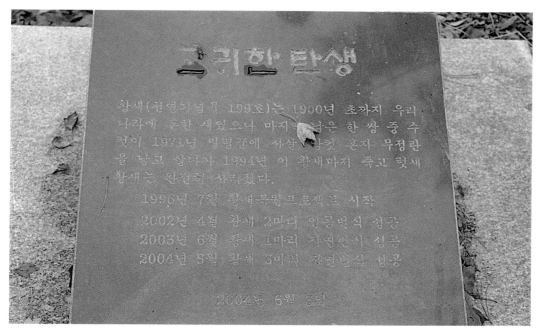

그림 5 황새복원의 시작(한국교원대)

그림 6 예산 황새마을의 황새(충남 예산군 광시면)

미호종개가 미호천의 지표종이 되어야

　미호종개 복원사업에 의해 금강과 금강의 지류 일원에 치어가 매년 방류되고 있다. 미호종개는 모래가 잘 발달한 하천에서 사는 새끼손가락만 한 크기로, 모래와 몸 색깔이 비슷하다. 미호종개는 미호천의 청주 팔결교 인근에서 처음 발견되어 미호종개라는 이름이 지어졌다. 비교적 깨끗하고 모래가 잘 발달한 미호천은 미호종개의 안정적 서식처였다. 2006년 3월 이전까지 있었던 과거의 어류상 조사에서 미호종개가 출현했던 곳은 금강 수계 20개 지점이나 되었다. 그러나 이후 서식이 확인된 곳은 불과 6개 지점이었다. 미호천 주변으로 중부고속도로가 발달하면서, 도로를 따라 크고 작은 산업단지가 조성되었다. 특히 진천 증평 일원에 축사가 증가하고 도시의 하수종말처리장, 크고 작은 보 등으로 미호천 수질은 크게 오염되었다. 또한, 화강암계의 모래질로서 우수한 산업 재료였던 미호천 모래의 과도한 준설로 미호종개 개체 수는 급감했다. 지금은 금강의 지류 하천에서 소수의 개체가 생을 이어가고 있다.

　현재 인공배양에 성공해 미호종개의 치어를 백곡천 상류, 유구천, 지천에 방류하고 있지만, 이들이 살 수 있는 서식처의 개선을 위한 노력은 복원사업과 박자를 맞추지 못하고 있다. 심지어 경남 산청 경호강에 환경부 멸종위기 2급 여울마자를 복원하고자 방류해놓고, 행정의 엇박자로 경호강을 준설해 서식처를 되레 훼손하고 있다.

　미호천은 금강의 제1지류로 금강의 수질에 막대한 영향을 미치는 관리하천이다. 따라서 미호천이 수질을 회복하고자 한다면 그 지표로서 미호종개가 돌아올 수 있는 서식처를 만드는 것을 목표로 해야 한다. 미호종개 서식 여부는 미호천의 환경상태를 측정할 수 있는 척도이고, 미호종개의 정체성을 찾아가는 것이기 때문이다.

그림 7 미호종개가 서식하기 최적이었던 미호천

그림 8 미호천에 미호종개의 복원을 염원하는 시민들

모래가 사라진 강

4대강 사업 이후 10년이 지나 공주보를 열면서 곰나루 백사장이 드러났다. 4대강 보는 오랫동안 녹조와 물고기 떼죽음 등 사건 사고의 원인으로 의심을 받아왔다. 그 때문에 보 개방은 강의 자연성 회복에 희소식이 아닐 수 없다. 강의 자연성이 회복되면서 나타나는 첫 번째 변화는 모래톱의 생성이다. 하천을 환경교육의 장으로 하는 다양한 활동 중 대부분은 하천오염도 조사, 어류채집 등의 생물 채집 및 모니터링 활동 등으로 이들은 제한적인 매뉴얼에 입각한 하천 활동이다. 그러나 강 체험 장소가 모래톱일 때에는 사정이 다르다. 지류 하천의 시냇물을 건너 강모래를 맨발로 밟는 체험은 구체적이고 정교한 프로그램을 준비한 것 보다 더 큰 위력을 발휘한다.

강은 아이들에게 즐거운 놀이터였고, 무한한 창의력을 제공하는 장소였다. 혼자 놀다가도 자연스레 무리와 어울려 협동을 한다. 물고기를 몰고 두꺼비 집을 지으며, 여기서 파 들어가고 저기서 파 들어가며, 손과 손이 만나면 쾌재를 불렀다. 땅속 고인 물이 나올 때까지 모래를 긁어내는 경주를 할 때, 주변에서 같이 도와 맨땅을 파 들어갔다.

아이들에게 신발을 벗게 하고 눈을 감은 채 앞사람 어깨를 잡고 한 줄로 따라 걷도록 했다. 눈을 감으니 발바닥 모래 질감에 집중하며, 울퉁불퉁한 모랫바닥에서 넘어지지 않으려 균형감각을 발휘해야 했다. 계속 전진하려면 앞사람을 믿고 의지해야 했다. 한참을 걷게 한 후, 두 손을 자유롭게 벌리고 바람을 맞으며 온전히 내음을 맡으라 했다. 아이들은 비릿한 내음, 물 냄새, 바람 냄새 등 후각을 깨운 다양한 냄새를 맡았다. 그렇게 모래밭에서 활동한 후 은빛으로 물결치는 갈대밭을 걸어 나왔다.

아이들과 놀았던 금강은 화강암질의 모래사장으로 전 세계 어디에 내놔도 자랑스러운 우리나라의 고유한 자원이다. 아이들이 맨발로 밟았던 콩가루같이 고운 모래는 눈에 보이지 않는 미세한 공극이 물속의 부유물이나 미생물을 걸러내는 여과기 역할을 한다. 열심히 땅을 파니 드러난 고인 물은 모래층이 품었던 맑은 물이다. 아이들은 물 저장고를 파고 있었던 것이다. 모래의 가치는 추후 어른이 되어 자연스레 알게 될지라도, 이날의 체험은 강모래가 주는 정서적 발달과 감성적 자극 그리고 협동과 창작, 탐구와 발견 등 다양한 교육적 효과가 있었다.

그림 9 공주 유구천의 금강에서 뛰어노는 어린이들

그림 10 하굿둑이 없는 섬진강

산업화로 강의 원형이 변한 지 40년, 강에 대한 추억을 간직한 채 강을 회상하는 세대가 현재를 살고 있다. 준설과 직강화로 인공화된 도시의 하천이 우리가 회상하는 추억의 강으로 되돌아갈 수 없게 만든 것은 아닐까? 하지만 그럴수록 하천을 들여다볼 필요가 있다. 도시의 하천에서도 아이들이 족대 들고 들어가도록 해야 한다. 강이 오염되었다는 편견을 깨야 한다. 도심 하천의 수질은 그간 많이 회복되었고, 물고기도 돌아왔으며, 갈대와 버드나무 식생이 하천을 한결 하천답게 하고 있다.

도심의 아이들은 하천에서 기대 이상의 더 다양한 경험을 할 거고, 그 경험들이 또 다른 경험을 낳게 하는 자양분으로 작용할 것이다. 생명이 살아있는 강과 하천이 도시의 새로운 아이들 놀이터가 되는 날, 진정한 의미의 생태하천 복원사업의 완성이 되지 않을까?

백로와 인간의 갈등

최근 도심에서 백로가 인간과 갈등을 빚는 사례가 빈번하다. 이때마다 행정의 합리적 해결방안이라는 것이 나무 베기를 통한 강제 철거 결정이다. 그러나 이 방법은 절대 근본적 해결 찾기가 아니다. 주민들이 피해를 받지 않을 권리처럼, 백로가 서식처를 가질 권리도 있다.

백로가 왜 점차 사람이 모여 사는 곳을 서식처로 하는 것일까? 여러 가지 이유가 있겠지만 대전·충청남북도·세종이 인접한 금강권역의 경우, 세종시의 옛 연기군 기념물 3호로 존재하던 감성리 백로 서식지가 2010년에 간벌로 인해 사라졌다. 동시에 4대강 공사가 시작되면서, 금강 수심이 깊어졌고, 백로들은 수심이 얕은 지류 하천으로 이동하였다. 왜냐하면, 백로는 얕은 물에 발을 담그고 물고기를 쫓으며 사냥하는데, 본류에서 물떼새를 보기 어려워진 것도 같은 이유다.

대전·충청지역의 백로 수난사는 참 많다. 2010년 세종 감성리 벌목, 2014년 대전 카이스트 숲 벌목, 2015년 대전 남선공원 벌목, 2016년 대전 내동중학교 뒷산 벌목, 그리고 2017년 대덕단지 대학교와 연구소 내 숲에 둥지를 틀었다. 청주시의 경우, 2016년 청주남중 뒷산에서 갈등을 빚다가 최종 벌목, 2017년 청주 서원대 기숙사 옆 등에서 대전보다 더 큰 주민갈등을 일으켰다. 벌목이라는 수단은 백로를 도심에서 내쫓는 가장 단기간의 처방이다.

철새가 지구적으로 이동하며 생애주기를 완성하고자, 사람이 모여 사는 장소를 선택하는 것을 인간의 힘으로 막을 수 없다. 오지 말라고 해서 안 오고, 오라고 해서 오는 시나리오가 적용되지 않는다.

울산 태화강 대숲은 겨울 떼까마귀와 여름 백로가 서로 계절을 나누어 서식처를 공유한다. 울산시는 주민 피해를 최소화할 수 있는 제도적 장치를 마련하고, 이를 생태관광으로 이어나가고 있다. 이토록 사람과 생물의 공존을 택하는 드문 사례 외에 대부분 고밀도 주택가를 서식지로 해서 일어나는 백로와 인간의 갈등은 백로를 내쫓는 방식을 고민할 뿐이다.

조류학자 조삼래 교수(전 공주대 교수)는 "포란을 앞두고 둥지를 짓는 시기에 공포탄 등으로 대응하여 대규모 서식예정지를 분산시키는 방법이 있어요. 백로를 쫓아내기 위해 택하는 벌목의 방법도 문제지만, 그 숲을 기반으로 오랜 시간 생명 활동을 한 나무의 존엄도 무시되면 안 돼요. 그 숲을 이루기 위해 키워진 많은 시간이 있잖아요."라고 방법과 문제점을 이야기한다.

공주시 계룡면 금대리 마을 어귀에는 삼백 년 노거수에 매년 햇소지를 매단 금줄이 쳐져 있다. 가정마다 수도가 있어도 마을 공동 샘이었던 우물은 메우지 않고 1년에 한 번씩 퍼내 다 함께 청소한다. 이 마을 뒷산엔 왜가리들이 둥지를 틀고 새끼를 키우길 수십 년째 하고 있다. 마을의 금줄과 왜가리서식지는 분명 상관관계가 있다. 공동체가 아직도 살아있는 곳은 공동체를 이어오게 한 마을의 자연환경을 중요시한다. 파편화된 도시에서 찾기 어려운 시골 마을 공동체는 조상들이 그러했듯 자연과 인간의 공생을 달관한다. 금대리 마을 90세 할머니께서 말씀하셨다.

"갸들이 오는 걸 어쩌것어."

그림 11 백로의 집단서식처(대전의 카이스트 숲)

그림 12 청주 서원대 백로

전통문화 속에 고래

울산광역시 언양 대곡리 바위에는 반구대암각화가 있다. 그림에는 고래를 포함한 193점의 다양한 동물들을 볼 수 있는데, 당시 대곡리 근방의 해안선에 얼마나 많은 고래가 서식하고 있었던지를 잘 보여주고 있다. 암각화는 고래사냥을 비롯한 주술적 목적으로 제사장에 의해 제작된 것으로 추정하는데, 각각의 고래마다 그들의 형태와 생태 행동 특성이 나타나 있다. 당시를 살았던 사람들이 갖는 자연에 대한 인식과 원시적 신앙을 잘 읽을 수 있다.

고래는 물고기가 아닌, 거대한 척추동물로서 오랫동안 인간에게 경외의 대상으로 존재했다. 그들은 영장류에 준하는 높은 지능을 갖고 사회를 이루고 살고 있다. 동해나 울산뿐만 아니라, 서해의 흑산도에서도 고래가 잡혔고, 특히 일제강점기에 일본이 흑산도를 포경근거지로 삼았다는 기록도 있다. 1917년부터 1944년까지 흑산도 근해에서 1,464마리의 큰 고래가 일제에 의해 학살을 당했으니, 지능이 높은 고래가 다시 부모 대가 겪은 죽음의 바다로 회유할 일은 만무할 일이다.

최근 수많은 고래가 멸종위기종에 몰리게 되면서 전 세계적으로 포경은 중지되었다. 동물 학대와 불법 포획의 논란으로 서울대공원에서 돌고래 쇼를 하던 남방큰돌고래인 제돌이를 방사한 것이 2014년이다. 미국은 이미 1970년부터 돌고래 쇼에 이용되는 돌고래를 풀어주자는 캠페인을 시작했다.

어부들은 고래가 생선을 다 먹어치운다고 하지만, 먹이사슬 최상위가 안정적일수록, 포식자에 의해 하위단계 개체군이 적절히 유지될 수 있어 오히려 어류가 증가한다. 최상위 포식자는 생태계의 조절자 역할을 하는 것이다.

고래의 배설물은 식물성 플랑크톤의 주 영양분이다. 강에서는 동물의 배설물이 부영양화를 일으키지만, 해양에는 적용되지 않는다. 또한, 해수면과 심해를 오가며 해수를 아래위로 섞어주는 펌프 역할을 한다. 그 과정에서 대기 중의 탄소를 해저로 흡수해가는 지구온난화의 조절자 역할을 한다.

큰 고래의 사체는 해양 생태계에 중요 먹잇감이다. 심해에서 고래 사체는 약 50년에서 75년간 상어와 먹장어 등에 먹잇감이 되고, 이후 2년간은 벌레 갑각류와 연체동물의 먹이로, 이후 10년간은 박테리아가 뼈를 분해한다.

이제는 포경 대신 고래의 유영을 즐기는 생태관광으로 전환하고 있다. 국제 정세는 혼획이 수반되는 어획물은 수출길이 막히고 있고, 엄격히 금지되고 있는 흐름이다.

그러나 한국 연안에서 고래가 불법 포획과 혼획 및 좌초로 인해 매년 약 2천 마리가 죽어가고 있다. 더욱이 일본은 국제적인 요구와 비난이 있어도, 고래잡이에 대한 자부심과 전통적인 문화로서 옹호하는 인식이 있다.

고래는 한 번에 한 마리의 새끼만 낳고, 성장하여 임신할 때까지 오래 걸린다. 따라서 한번 개체군이 줄면 원 상태로 회복되기 대단히 어렵다. 멸종위기에 처한 고래는 결국 인간에게 책임이 있을 뿐이다. 전통문화의 계승과 해양 생태계의 관계 속에서 우리가 모르던 돌고래의 고통을 통해, 인간이 윤리적 책임에서도 과연 자유로울 수 있을까?

그림 13 반구대암각화의 고래

제3장

치유적 프로그램 해설

자연생태를 통한 치유

마음이 맞는 친구를 만나 수다를 떨거나, 답답할 때 집 주변을 산책하면 기분 전환이 될 때가 있다. 일과 대인관계 등 다양한 원인으로 겪는 스트레스에서 사람들은 치유 받고자 한다. 치유란 심신 모두가 편안한 상태가 되는 것으로, 감정을 평온하게 누그러지게 하고, 피로를 완화하고자 하는 모든 행위를 일컫는다. 스트레스 없는 삶을 위해 삶의 질을 자연 친화적으로 개선하는 노력이 치유이다.

수다, 산책, 음악감상, 영화감상, 스포츠, 여행 등 취미 활동은 치유를 위한 개인적인 노력이다. 더 나아가서 남에게 돌봄을 받거나, 비용을 지불하는 적극적인 방식으로 치유를 받기도 한다. 치유는 숲과 하천, 바다, 공원 어디서든 가능하며, 산림 치유, 아로마 테라피, 스트레칭, 온천, 마사지 등의 형태가 있다. 이 모두 즐겁게 진행이 되기 때문에 사람들이 선호하는 방법이다.

넓은 의미에서 치유 프로그램은 건강을 증진하는 목적이 있다. 스트레스가 심각한 경우는 상담을 받거나 상담 등 전문가 코칭이 필요하다. 스트레스 관련한 강의를 듣거나, 대인관계 소통 강의 등 인지적 접근방식의 의료적 요소가 수반될 수도 있다. 온천, 기후요법, 동물 테라피 등의 요양 형태와 금연, 다이어트, 음식 치유, 휴양 등의 건강증진 형태, 생태관광의 레저형태가 좁은 영역에서의 치유 프로그램들이다.

특히 기후요법은 호흡법 · 호흡 체조, 운동요법, 휴식과 외기욕, 물 흐르는 소리 듣기, 경관 보

그림 1 모래 위 외기욕을 통해 심신의 안정을 찾는다.

기, 삼림욕 · 풍욕 · 일광욕 등 오감을 활용하는 감성적 접근방법의 프로그램이다. 기후요법은
보건 휴양을 통한 건강증진은 물론, 생태관광의 레저형태를 통해 치유 프로그램으로 주목받고
있다. 생태계의 자원을 활용한 치유방법은 자연치유력을 높이고 유지해 건강을 증진하여 준다.
더 나아가 질병을 예방하고 치료하는 분야로 주목받고 있다.

운동요법

자유롭게 숲속을 걸으면 기분이 좋다. 실제 등산이나 트레킹 등에서 워킹 전과 후를 비교하
면, 침 속의 스트레스 호르몬인 코르티졸 값이 현저하게 줄었다. 코르티졸은 스트레스를 받을
때 방출되는 부신호르몬으로, 체내 항상성 유지와 스트레스에 대한 적응에 관여한다. 특히 혈
액 내 포도당을 상승시키고, 항염 및 면역 억제 능력이 있다. 워킹 전후 심리테스트 결과에서
분노, 긴장, 우울, 피로, 혼란 등의 감정이 감소하고 활동성은 오히려 증가했으며, 면역력 값도
커졌다.

그림 2 대청호오백리길을 걷는 금강 트레킹 @김성선

그림 3 겨울 강 길 걷기(전북 익산)

더 자연스러운 자연해설: 자연의 언어는 자연해설사를 통해 의미가 된다

트레킹 코스는 자연 지형의 적당한 높낮이가 있고, 적당한 연장 길이를 걸을 때 효과가 있다. 울창한 산림, 울퉁불퉁한 길, 자외선이 적은 곳, 쿠션이 좋은 지형 등에서 스트레스 경감 효과가 높다. 이러한 코스는 심장과 혈관에 부담을 적게 하고, 에너지 소비량은 평지보다 많다. 적당한 발 자극은 뇌에 많은 자극을 준다. 이를 통해, 면역력을 키우고 스트레스를 해소하는 효과를 가진다.

호흡과 외기욕

산림욕은 숲의 공기욕이라고 정의하고 있다. 산림 내에는 경관, 향기, 소리, 음이온, 피톤치드, 물, 햇빛, 습도, 기후, 지형 등 다양한 환경 요소가 있다. 산림욕은 이러한 요소들을 오감을 통해 생리적이고 감각적이며 정신적으로 교감하여 심신의 건강을 증진하는 숲속 활동이다.

외기욕은 산림욕과 풍욕, 일광욕 등을 들 수 있다. 풍욕은 프랑스 의학자인 로브리 박사가 고안한 자연요법으로 대기요법이라고도 한다. 말 그대로 바람으로 하는 목욕을 뜻한다. 족욕과 반신욕 등의 목욕이 건강에 영향을 미치듯, 바람을 이용하여 피부에 느껴지는 온도 차의 효과를 인식하는 방법이다. 특히 동양에서 피부의 호흡법으로 활발히 이용되고 있다. 풍욕은 몸을 덥고 차게 함으로써, 피부호흡을 극대화하여 몸의 표면에서 요소를 비롯한 노폐물을 발산하고 공중에서 산소와 질소 등 유익한 것들을 받아들이게 한다. 제2의 폐라고 하는 피부를 건강하게 할 수 있고, 가능하면 옷을 걸치지 않고 바깥 공기를 전신에 접하면 효과적이다.

하천요법

물은 항상 역동적으로 흐르고 변화한다. 이를 보고 있으면 심장 박동과 맥박이 올라가서, 외향적이고 활동적인 경향이 나타난다. 물을 이용해 질병을 치료하거나 스트레스를 완화하는 치유의 수단으로 주목받는 것이 하이드로테라피(Hydrotherapy)이다. 하이드로테라피란 샤워나 목욕뿐만 아니라, 수압 및 수류를 만드는 각종 장비를 이용해 건강을 증진하는 활동이다.

물을 이용한 치유법으로는 크나이프 치유법, 스파, 냉수욕, 족욕, 온천욕, 음이온 요법 등이

그림 4 하천걷기(충남 금산 방우리)

있다. 크나이프 치유법은 냉탕과 온탕을 번갈아 들어가거나 물에 진흙이나 허브, 소금, 오일 등을 첨가하는 방법이다.

온천은 심리적으로 불안정한 상태를 31~34℃의 따뜻한 물에서 수중기법을 통해 전신을 이완시키고, 정신적으로 안정을 유도해낼 수 있다.

스파는 단순히 온천을 즐기는 것에서 더 나아가 수중치료나 운동치료를 겸한 전반적인 신체적 기능을 향상하고 통증을 감소시키는 효과가 있다. 다리가 부었을 때, 따뜻한 물에 반신욕을 하거나, 수류나 수압을 이용해 피부 마사지를 받는다.

수중운동은 마사지와 스트레칭으로 인체의 선과 에너지 점을 자극하여 감정의 안정이 필요한 사람에게 적용되는 수중요법이다. 계곡물에 발을 담가 냉천욕을 하거나 낙수를 이용한 음이온 체험을 한다. 음이온은 물이 높은 곳에서 낙하하여 수면 등에 부딪히면서 물 분자가 분산될 때, 그 주위의 공기는 전기 층이 형성되어 음이온이 발생한다. 음이온들은 호흡기관이나 피부를 통하여 우리 몸속으로 들어오기 때문에, 하천요법과 산림욕을 통해 우리는 부족한 음이온을 보충할 수 있다.

음이온은 작은 물방울에 부착하기 쉬워 폭포 주위, 바닷가의 파도, 시냇물의 여울에 가장 많

더 자연스러운 자연해설: 자연의 언어는 자연해설사를 통해 의미가 된다

다. 숲에서는 나무가 흔들리면서 음이온이 발생하는 것으로 알려져 있다.

작업요법

한때 4H 클럽, 4H 활동 등의 이름이 농촌활동과 청소년 활동에서 활발했다. 4H는 Head(지), Heart(덕), Hand(노), Health(체)의 첫 글자를 딴 것으로, 초록색 네 잎 클로버 위에 표기되어 우리에게 익숙하다. 순수 자활 민간 계몽운동 성격의 4H가 새마을운동과 디지털시대에 밀려났지만, Hand(노)가 빠진 지덕체는 사람이 길러내야 할 교육이념으로 전인교육의 목표로 삼고 있다. Hand(노)의 비중이 현저히 낮아진 요즘, 교육에서도 다시 놀이와 학습과 노작 활동이 유기적으로 연결될 수 있는 노작교육이 다시 부각되고 있다.

노작의 사전적 의미는 애쓰고 노력해서 이룸 또는 그런 작품, 힘을 들여 부지런히 일함으로 나타나 있다. 이와 같이 노작은 일의 교육적 가치를 가르치는 교육과정을 말하는 것으로, 노력하여 자의적으로 무엇을 만들어 낸다는 작업의 의미로서의 일을 말한다. 놀이와 노동의 중간쯤에 해당하는 인간 활동이다. 노작교육은 심미적이고 예술적인 도야에 도움을 주는 자기 행위의 표현으로서, 지덕체가 조화롭게 발달한 전인적인 육성에 도움을 준다. 또한, 식물을 이용하고 이를 가꾸는 작업 과정에서 사회적 교육적 심리적 혹은 신체적 적응력을 기르고, 이로 인해 정신적 회복을 추구하는 전반적인 활동이다.

원예요법은 무생물이 아닌 생물체를 대상으로 눈으로 보고 코로 향기를 맡으며 손으로 만지고 머리를 써서 움직이는 등 많은 감각기관을 통해 이뤄진다. 그러한 점에서 신체적, 정신적으로 치료 효과가 뛰어나다. 특히 식물을 가까이할 경우, 시각, 촉각, 청각, 미각, 후각을 통해 주변에 대한 감수성이 예민해진다. 또한, 생명의 성장 과정에 관여함으로써, 계획과 준비, 판단을 할 수 있는 능력

그림 5 주말농장 감자 캐기

을 함양시켜 감각과 지각능력을 증가시킨다. 꽃꽂이를 위해 줄기를 자른다든가, 잡초를 뽑는 것처럼 사회적으로 허용되는 수단을 통해, 부정적인 분노와 공격적인 감정을 완화할 수 있다. 식물의 번식, 화분 심기, 용기 재배, 수경재배, 관엽식물 관리, 화단 가꾸기, 꽃을 이용한 장식품 만들기 등이 주된 활동이다.

티라소테라피

티라소테라피는 새로운 해양자원으로 인식되고 있는 해양심층수를 활용한 해양요법으로, 현대인의 스트레스를 해소하는 건강증진 요법으로 매우 주목받고 있다. 해양심층수는 햇빛이 미치지 못하는 수심 200m 아래의 바닷물이다. 연중 평균 섭씨 2℃로 차가우며, 세균이나 미생물의 서식이 힘들어서 유기물과 병원균이 없는 깨끗한 물이다. 티라소테라피는 지중해를 중심으로 기원전부터 널리 사용되었다. 해양자원을 활용한 자연요법은 해수와 해초, 진흙 등을 치료 목적으로 이용하고 있는데, 티라소테라피는 해저 200m에서 끌어올린 해양심층수를 온천수로 사용하거나, 수심 200m보다 깊은 곳에 있는 해수를 활용한다.

티라소테라피는 음료용 해양심층수 개발, 해수 마스크팩, 해양심층수 물줄기 마사지, 해초 전신 스크럽 등 다양하다.

만남

생태관광, 자연관광, 자연체험 모든 영역에서 방문객을 대상으로 하는 활동에 지역주민의 주체적인 참여는 매우 중요하다. 지역주민은 지역의 생태자원과 연결된 역사와 문화를 가장 잘 아는 사람이기 때문이다. 오랫동안 생활의 터전을 이어온 주민과 환경은 생태계의 구성요소이자, 보전 가치가 있는 환경을 지금껏 지속시켜 온 가장 큰 공헌자이다. 생태관광에서 주민의 적극적인 참여가 곧 주민 주체 사업의 성공 요인이다.

마을은 사람처럼 성격과 감정을 갖는다. 주민의 브랜드가 친절과 미소이듯이, 주민의 브랜드가 곧 마을의 이미지로 연결될 수 있다. 마을과 방문객이 만나는 매개자로서 지역주민 해설

그림 6 지역주민이 마을의 공소를 해설하고 있다(장수 수분마을)

그림 7 대청호 사공(옥천 용호리)

사는 가장 이상적인 모델이다. 주민은 지역을 방문한 참가자들에게 친절한 인상을 심어줌으로써, 방문지에 대한 신뢰와 호감을 상승시킬 수 있다. 동시에 대상지의 이해를 돕기 위한 정보와 의미를 전달하는 해설사 역할을 한다. 주민은 지역의 자원과 지역의 이미지를 결합해 지역과 지역의 산물을 판매하는 촉진자이다.

경쟁력이 있는 만남을 위한 주체인 주민은 지속적인 역량 강화가 요구된다. 이를 위해 지역 협의체를 운영하고, 지역 자원에 대한 스토리텔링, 오감을 활용하여 자연치유력을 높일 수 있는 치유 프로그램을 기획하고 운영하며 홍보하는 다원화 전략이 필요하다.

음식

지역의 특색이 담겨있는 음식은 지역의 가치있는 문화상품이다. 음식은 독창성 있는 먹거리 체험자원으로, 방문자가 관광지를 선택하는 데 직접적인 영향을 주는 매우 중요한 핵심 요소이다. 특히 지역의 자연환경에서 생산되는 친환경 식재료의 사용 여부, 전통적인 조리방법, 녹색 구매와 소비 폐기에 이르는 과정이 친환경적이라면, 음식의 이미지는 높아지고 만족도는 배가 된다.

음식의 이미지는 사람, 사물, 사건, 자연 등 눈에 보이는 대상과 보이지 않는 대상도 포함하여 자연스럽게 형성된다. 또한, 지역을 경험하거나 직접 먹어보지 않아도 형성될 수 있다. 유명 블로거의 맛집, SNS의 음식 인증 샷은 먹어보지 않았어도 이미지화되어 방문 욕구를 당기는 매력요인으로 작용한다.

음식은 전통성과 고유성, 독특성을 담는 스토리텔링이 있을 때, 만족도와 구매도가 증가한다. 음식에 담겨있는 기원과 유래, 지역의 전통과 정서, 풍속과의 연관성, 지역을 대표하는 전설과 설화, 동화 등 고유한 스토리들이 음식에 관한 관심과 흥미를 불러일으킨다.

밥을 같이 먹어야 친해진다는 말이 있듯이, 음식 한 끼를 통해 지역 전체에 대한 호감도와 선호도가 증가하고, 지역에 대한 이해와 정서적 친밀감이 깊어질 수 있다.

과거에 자개 상은 귀한 손님이 왔을 때, 특별한 음식을 대접하거나, 특별한 날에 음식을 올리는 잔칫상이자 제사상이었다. 값이 나가는 자개 상은 여인네들이라면 자개 농처럼 꼭 장만하고 싶은 살림살이 중 하나였다. 아끼며 오랫동안 사용되었던 자개 상이 어느새 나전칠기는 벗겨지

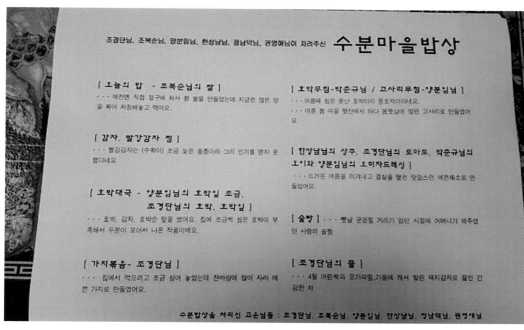

그림 8 수분마을 밥상 식단표

그림 9 식단의 호박꽃 부침

고, 상다리는 흔들거려 창고에 쌓이기 시작했다. 가볍고 실용적인 나무와 플라스틱 상이 그 자리를 차지했고, 입식과 핵가족화에 자리를 잃었다. 자개 상을 장만할 때 들어간 거금을 생각하니 버릴 수가 없다.

장수의 뜬봉샘 수분마을은 생태밥상이라 칭하는 마을식사를 자개 상에 낸다. 집집마다 하나씩 가진, 부서져 못 쓰는 자개 상을 수리하여, 손님을 대접한다. 일부러 밝히지 않으면 모를 일이지만, 귀한 손님에게나 대접했던 자개 상들을 다시 고쳐 방문자에게 대접했다고 밝히면, 주민들의 손님을 대하는 섬세함에 방문자들이 감동한다.

지역에서 나는 식재료를 누가 생산했는지, 누가 채취하여 삶아 말렸는지, 누가 조리했는지를 밝힘으로 해, 음식에 깃든 정성과 신뢰를 주도록 한다.

"호박 대국은 양분임 님의 호박잎 조금, 조경단 님의 호박과 호박잎, 호박, 감자, 호박순 잎을 썼어요. 집에 조금씩 심은 호박이 부족해서 두 분이 모아서 나온 작품이에요. 호박 무침은 박춘규 님, 고사리 무침은 양분임 님, 여름에 심은 못난 호박이라 똥호박이라네요. 이른 봄 마을 뒷산에서 따다 봄 햇살에 말린 고사리로 만들었어요."

제4장

사운드스케이프 해설

소리 여행의 시작

소 여물 먹는 소리, 호롱기로 벼 터는 소리, 베틀 타는 소리, 절구 찧는 소리, 학교 종소리, 풍금 소리, 대장간 쇠 부리는 소리, 물레방아 소리, 두루미 구애하는 소리, 섬진강 동자개 우는 소리, 고드름 낙수 소리, 설피 신고 눈 밟는 소리. 이들 소리는 고향의 소리, 추억의 소리, 자연의 소리, 계절의 소리이다.

고향을 떠올리게 하는 풍경은 고향의 소리와 어울려 더 짙은 고향의 정서를 자아낸다. 그러나 고향에서 소여물 먹는 소리, 가마솥 끓는 소리는 여리게 남아 있다. 바닷가 사는 사람들은 꼬막 캐는 소리와 바지락 캐는 소리가 다름을 안다. 갈대 공을 바닷속에 넣어 귀에 대고 있으면 조기 떼가 몰려오는 소리를 들을 수 있는 어부도 있다. 그나마 생활의 터전에서 나는 소리는 면면히 살아 있다.

하지만 전통의 소리는 차츰 사라지고 있다. 쿨 소재에 밀려 삼베를 짜지 않고, 플라스틱과 비닐에 밀려 새끼를 꼬지 않는다. 베틀 소리가 안 나니 베 짜는 노랫소리도 사라졌다. 세탁기가 있어 시냇물에서 빨랫방망이질 소리를 들을 수 없고, 다리미가 있어 다듬이 방망이질을 마주 앉아서 하지 않아도 된다.

기후 변화와 물고기 새끼까지의 남획으로 인해 바다에 조기 구경하기가 어렵고, 강이 막혀 연어가 올라오지 않으니, 조기와 연어 올라오는 소리는 영영 들을 수 없다. 겨울이 춥지 않고, 여름이 마르니, 겨울 얼음장 깨지는 소리도, 한여름 맹꽁이 울음소리도 듣기 어렵다. 최근에는

그림 1 콩대 타는 소리

삼광조 새끼 키우는 소리, 겨울 들판 두루미 구애하는 소리는 멸종위기종이 되었으니 그 소리가 쉽게 들리겠는가?

내가 기억하는 고향의 소리는 어떤 것이 있을까?

내가 들을 수 있었던 자연의 소리 가운데, 지금은 들을 수 없는 소리는 무엇이 있을까?

그 소리는 언제 어디서 들었던 소리인가?

그 소리는 나에게 어떤 느낌인가?

만일 그 소리를 기록으로 표현한다면 어떻게 표현할 수 있을까?

다시 그 소리를 들을 수 있을까?

왜 나는 그 소리를 추억하고 싶은가?

이런 질문을 자신에게 던져 보자. 아마도 우리는 그간에 소리에 관심을 두지 않았음을, 집중하지도 않았음을 알게 될 것이다.

간장 사리요, 살조개 사리요

나는 어린 시절을 충청도 당진에서 보냈다. 당진시가 되기 이전에는 충남에서도 아주 낙후한 곳이었다. 당진은 당나라 당(唐), 나루 진(津)의 이름에서 알 수 있듯이 해안에 있다. 서해의 다양한 물고기와 건강한 갯벌의 해산물이 풍부했으므로, 그리 넉넉하지 않았던 우리 집도 늘 밥상에는 꽃게와 생태찌개와 들기름 발라 구운 마른 김이 올라왔다.

쪽마루에 앉아있으면 신작로에서 이런 소리가 났다. 간장 사리요~~~, 살조개 사리요~~. 엄마가 담 너머로 장사꾼을 부르면, 간장 장수는 대문을 열고 들어와 달짝지근한 간장을 사이펀으로 항아리 병에 옮겨주었다. 두 발 달린 빨간 머리 부분을 손으로 꾹꾹 누르면 간장이 한쪽에서 빨려 올라와 다른 쪽에 담기는 것이 참 신기했다. 엄마는 안방 아랫목에 담요로 묻은 밥통을 꺼내와 달콤한 내음 가득한 간장으로 밥을 비벼주셨다. 뒤뜰의 닭장에서 집어 온

그림 2 살조개라 불렸던 꼬막

따뜻한 계란 한 개와 참기름 한 방울까지 넣어 비벼 먹으면 밥맛은 꿀맛이었다.

또 살조개 장수는 인근 갯벌에서 잡은 꼬막을 자루째 매고 다녔다. 살조개 장수한테 사 온 진흙이 검게 묻어있는 꼬막을 엄마는 샘에서 펌프질을 해 박박 문질러 삶아주셨다. 꼬막의 살집이 워낙 도톰해서 살조개라고 불렀나? 어린 시절에 맛보던 그 쫄깃한 식감은 지금도 잊을 수 없다. "간장 사리요! 살조개 사리요!" 이 소리는 유년에 고향 집 툇마루에서 들리던 소리로, 나에게는 어린 시절에 침 넘어갔던 것을 상기하게 하는 소리로, 기억 속에 이미지화되었다.

실제 소리와 기억의 소리

숲에서 재잘재잘 이야기를 하며 걸을 때는 들리지 않던 소리가 조용히 침잠하며 걸으면 들리는 소리가 있다. 물소리, 새소리, 바람 소리, 빗소리, 동물의 나뭇잎 밟는 소리. 바로 자연의 소리이다. 이런 자연의 소리는 산림치유와 같은 자연해설에서 오감을 활용하는 감성적인 접근 방법으로 체험의 영역에 활용된다.

자연의 소리 외에도 세상에는 다양한 소리가 존재한다. 자동차와 전철, 비행기 등의 교통음, 산업 현장의 기계음, 스피커, 클랙슨 등 도시 소음이 있다. 상점에서 틀어놓는 음악 소리, 윗집의 피아노 소리 등 악기 소리도 있다.

청각은 듣고자 집중하는 의지 여하에 따라 들리기도 하고 안 들리기도 한다. 음악이 흐르는 카페에서 이야기에 집중하다 보면 음악을 인식하지 못하지만, 대화에 흥미를 잃으면 인식하지 못했던 음악 소리가 크게 들린다.

소음이 적으면 주위가 조용하기 때문에 상대적으로 먼 곳의 소리까지도 들을 수 있다. 시골은 도시보다 더 잘 들리고, 밤은 낮보다 더 잘 들린다. 고대는 현대보다 소음의 수준이 낮아 각각의 소리를 명확하게 들을 수 있었다. 먼 곳의 성당 종소리가 은은하게 퍼져 들려왔다. 현대의 도시는 먼 곳의 소리를 듣는 능력을 상실했다. 자연의 소리는 여전히 우리 곁에 존재하건만, 도시의 환경소음으로 인해 각각의 음향신호는 다른 소리에 파묻혀 버렸다. 소음이 귀에 들어온다는 청각을 보호하기 위해 들리는 소리를 무의식적으로 덮어버리고 있다. 그 대가로 아무렇지도 않은 소리의 울림과 소음 속에 섞여있는 계곡에 울려 퍼지는 물소리, 새와 짐승이 수풀 사이를 오가는 소리, 곤충의 날개 비비는 소리와 같은 소중한 소리의 존재에도 주의를 살피지 않게 하

더 자연스러운 자연해설: 자연의 언어는 자연해설사를 통해 의미가 된다

그림 3 고향 집의 밤(충남 서천 용곡리)

고 있다. 이는 청각적으로 지각하는 능력에 변화가 온 것이다.

현대 도시의 번화한 길모퉁이에서는 소리의 거리감을 찾아볼 수 없이, 모든 방향에서 소리가 날아들어 혼선 상태가 된다. 아주 평범한 소리조차 그것을 듣기 위해서는 자꾸 귀를 기울이지 않으면 안 된다. 어느새 사람들은 자연의 소리를 잃어버렸고, 그 소리를 듣기 위해서는 조용히 침잠해야만 겨우 들릴까 말까 한 소리가 되었다.

반면에 실제 들리지 않는 기억의 소리는 어떤 특정한 경험과 연관되어 연상되는 소리이다. 고향 집 하면 어떤 소리가 생각날까? 잠결에 들었던 새벽닭 우는 소리, 방 천장에서 쥐가 달음질하는 소리, 심지어는 고향 집 한밤중의 정적 등. 각자 기억하는 소리는 고향이 갖는 생활상과 연관이 있다. 이웃집과 옹기종기 담을 마주하고 살았던 어릴 때, 개 짖는 소리만 들어도 누구네 집 개가 짖는 건지 알 수 있었다. 고요한 밤에 천장에서 쥐가 내달음치는 소리에 방안 물건을 천장에 던져 쥐들을 놀라게 하려 했었다. 지금은 실제 들리지 않지만 경험함으로써 기억되기도 하고, 한밤중 우는 호랑지빠귀 울음소리는 귀신이 내는 소리로 이미지화되었다.

이런 기억의 소리는 시대에 따라 사라지고 생겨난다. 갓난아기 울음소리, 다듬잇방망이 소리, 우물가에서 수다 떠는 소리가 들렸던 고향 집은 그대로인데 소리는 사라졌다. 풍금 소리, 학교 종소리, 운동회 기마전 소리는 폐교로 사라졌다. 반면 공기청정기 소리나 핸드폰 진동 소리, 가전제품의 기계음은 어릴 때 들어보지 않았던 새로운 소리이다.

이렇듯 소리와 그 소리가 있는 풍경이 합쳐진 소리 풍경은 시대성과 장소성을 보여준다. 소리가 사람들의 생활에서 담당하는 문화적 의미와 역할에 주목해 지역의 정체성으로 고정된다.

사운드스케이프(Soundscape)

사운드스케이프는 Sound와 Scape의 합성어로 인간의 환경으로부터 비롯되는 소리의 풍경을 말하는 용어이다. 캐나다 출신의 작곡가 R. Murray Schafer가 사운드스케이프 개념을 처음 제시하였다. 그는 인간의 삶 속에서 소리의 가치를 생산하는 공간과 풍경에 관해 관심을 가졌다. 사운드스케이프는 자연과 인공 환경 모든 공간에 존재하는 음향 환경의 구조와 모든 듣는 요소를 의미한다.

사운드스케이프는 음악뿐 아니라 인간이 들을 수 있는 모든 소리의 세계를 포괄한다. 세상에는 눈으로 보는 풍경이 있듯이, 그 풍경에는 소리의 풍경도 반드시 함께 존재한다.

들 바람이 불어오면, 전나무는 요동하며 움직이고 바위에 부는 바람 소리보다 더 분명하게 흐느껴 울면서 신음소리를 낸다. 호랑가시나무는 허우적대면서 휙휙 소리를 내고, 물푸레나무는 떨면서 쉬쉬 울며, 너도밤나무는 뻗어 놓은 가지를 위아래로 흔들어 대면서 잎을 사각 사각 댄다. 겨울에는 나무들도 잎을 늘어뜨리고 그 음색을 변화시키기는 하지만, 각각의 개성을 잃어버리는 일은 거의 없다.[1)]

우리 주변의 사운드스케이프

신축되는 최근의 아파트는 소비자의 구매의욕에 영향을 미치는 브랜드 가치를 높이고자 한다. 같은 입지조건이라면 기술 위주의 아파트로 소비자들에게 편안함을 주거나 환경 친화형 아

1) 머레이 셰이퍼, 『사운드스케이프:세계의 조율』, 그물코, 2008, p.48.

파트로 브랜드화하고자 한다. 아파트 야외공간의 경우, 구조물과 녹지, 동선, 이용공간을 고려하여 공간을 구성하는데, 복합적인 체험과 교류에까지 확장한 공동체의 회복에 초점을 두고 변화하고 있다. 주차장이 지하로 들어가서, 탁 트인 야외공간은 주민들의 커뮤니티 공간이 되었다. 그러나 갈수록 주민의 프라이버시를 보호하고, 안전과 보안을 충족시키는 폐쇄적 설계로 인해, 중정의 야외공간에서 휴식을 취하기에는 어딘가 불편하다.

휴식 공간의 바닥재는 모래와 마사토, 자갈 대신, 고무 칩이나 우레탄 포장으로 바뀌어 밟는 소리가 나지 않는다. 시각적 감상 위주의 인공녹화는 고정적이고 특색 없는 경관이다.

최근 우리나라도 건축이나 조경 분야에서 사운드스케이프가 접목되고 있다. 공원설계에서 특히 자연의 소리와 인공소음에 대하여 분석함으로써, 휴식 공간을 설계하는 것이다. 조경 분야에서는 주로 보이는 장식적인 요소였던 미술작품이나 조형물 등 외에도, 사운드스케이프를 활용해 물 공간을 적극적으로 활용하고 있다. 벽에서 물이 내려오고, 인공연못에 음악분수, 계단형 수로를 통해 물소리가 나게 하는 등 소리 풍경을 경험하도록 하고 있다.

종로의 거리에 풍경 조형물은 일정한 시간적 간격에 따라 감지기가 자동으로 풍경 소리가 나도록 설계되어 있다. 종소리가 날 때, 풍경을 보며 소리를 듣는 동안, 잠시라도 시끄러운 자동차 소음에서 관심을 분리하는 기능을 한다. 또한, 차도로 향하는 계단 한가운데 계단형 수로를 조성하고, 낙차에 의해 물이 떨어짐으로써, 물소리를 들으며 계단을 내려오는 동안 자동차 소음은 관심에서 분리된다. 이렇게 사운드스케이프 디자인은 소리를 부가하거나, 방해되는 소음을 소거하는 부정적인 디자인도 적용하고 있다.

세상에 같은 소리도 때에 따라 다른 소리가 된다. 소리가 놓인 시간, 계절, 장소, 지역에 따라 다르고, 개인의 삶과 역사, 감정에 따라 차이를 갖는다. 거리의 종소리가 도심의 소음을 잠재우는 소리가 될 수도 있고, 그냥 종소리가 될 수도 있다.

당장 생계가 시급하면 생리적 욕구와 안전 욕구를 채우느라 소리를 통한 감정놀음은 사치로 여긴다. 그러나 사회체계 안에서 개인이 어느 정도 소

그림 4 종로의 건널목 주변 사운드스케이프

속감과 지위를 획득해갈수록 자신이 소속한 공동체의 고유한 음을 보전하고 사회·역사 음을 발굴하고자 한다. 나아가 더욱 나은 삶의 질과 자기실현의 요구가 커질수록 소리에 대해 애착하는 음이 생기며, 이를 보전하는 것을 넘어 소리에 대한 감성 가치를 더하게 된다.

사운드스케이프 연출요소

물소리는 자연 음 가운데 사람들이 가장 선호하는 소리이다. 물이 흐르는 높낮이, 굴곡, 수로의 특성에 따라 서로 다른 소리가 난다. 때로는 인공으로 물을 분사하는데 분사하는 위치와 압력, 분출구의 모양에 따라 음악과 결합하면 시각적인 효과까지 창출할 수 있어, 조경과 인테리어 분야에서 다양하게 적용한다.

새소리는 자연 음 가운데 물소리 다음으로 선호하는 소리이다. 숲과 나무 등 식물의 보이는 정보만 제공해도 새소리의 지저귐을 연상시킬 수 있다.

바람 소리는 주로 외부공간에 나뭇잎의 흔들림, 모빌이나 바람개비 등을 통한 시각적 효과가 함께 제공되어야 한다. 바람의 세기나 방향에 따라 다양한 소리가 창출되고, 공기의 진동에 의해서도 소리가 발생할 수 있다. 종, 풍경 등 소품을 통해 시각과 청각 정보를 동시에 연출하도록 한다.

지면의 소리는 사람의 발소리이다. 주로 땅의 재질이 무엇이냐에 따라 소리를 구분한다. 수북하게 쌓인 낙엽을 걷는다거나, 눈 위를 걷는 것, 빗속에 첨벙거림, 자갈이나 모래밭, 데크 등을 걸을 때 나는 소리이다.

이외에 시각정보 다음으로 인간에게 많은 정보를 전달하는 청각 정보로서 신호음을 들 수 있다. 정시에 울리는 시계탑의 소리, 산사의 종소리, 경적이나 호각소리 등 시간과 위험과 알림 등의 정보를 전달하는 소리이다.

그림 5 산사의 풍경 소리(신원사 중악단)

더 자연스러운 자연해설: 자연의 언어는 자연해설사를 통해 의미가 된다

그림 6 전남 신안 다물도의 몽돌해변

소리의 보존과 활용

개성 있는 소리 환경을 보전하고 지역다운 소리 환경을 만드는 일은 매우 중요하다. 왜냐하면, 이런 소리에서 지역의 자연과 역사, 생활 등을 느끼기 때문이다. 지역의 감성에 맞는 소리 풍경을 배려한 마을을 꾸미고, 방문자에게 소리 탐험을 위한 소리 탐험 여행 지도를 만들어 제공하는 것을 도시재생과 마을 만들기에서 도입해볼 만하다.

철새가 머무는 고장의 경우, 동물의 음을 보전하고 육성할 수 있다. 해마다 금강하구는 가창오리가 보여주는 군무로 탐방객이 찾아든다. 장대한 스케일의 시각적 눈요기를 제공하는 군무가 끝나면 이들은 먹이 활동지로 이동을 한다. 이들이 이동하며 내는 소리를 들어보았는가? 오리 특유의 울음소리에 마치 말벌 떼 같은 소리가 섞여, 서천의 농가 지붕 위로 이들이 지날 때면 귀는 소요를 겪는다. 이 지역만이 갖는 동물의 소리인 것이다. 이러한 소리를 보전하고 육성하기 위해서는 생물 서식처의 보존 관리가 지역에서 합의되어야 한다.

해안가 가운데 몽돌로 인해 몽돌 구르는 소리도 지역다운 소리 풍경이 될 수 있다. 몽돌의 크기에 따라 구르는 소리의 높낮이가 다르므로, 이러한 생태 현상을 음으로 파악하는 것이 필요하다. 나는 흑산도에서 배로 30분여 떨어진 다물도에서 들었던 몽돌 구르는 소리를 잊을 수 없다. 마을

뒤쪽의 뒤짝지 해변은 평소 늘 조용한데, 삼태기 같은 해안지형으로 파도가 밀려들면, 몽돌이 일제히 소리의 기지개를 켠다. 몽돌 소리와 함께 섬 특유의 생태환경에서 서식하는 멸종위기종 새들의 독특하고 아름다운 울음소리가 숲 양쪽에서 서라운드로 들린다. 만일 이 뒤짝지 해변의 소리가 마을 앞 어수선한 어항의 소리와 섞여있다면, 이 몽돌 구르는 소리는 아마도 뒤덮였을 것이다.

여기서 더 나아가 지역적으로 특색을 갖는 소리가 더 잘 들리도록 소음의 정도를 차단하는 것을 사운드스케이프 디자인이라 한다. 물론 그러기 위해서는 지역의 소리에 대한 지역민의 공통적인 견해가 전제되어야 한다. 지역 공동체는 지역의 소리를 전수하는 주체이다. 이들이 지역의 상징 음을 가장 잘 알고 이해하며, 이러한 소리 환경을 보전하고 창조하여야 한다.

사운드스케이프는 교육과 관광, 도시계획에 적극적으로 활용될 수 있다. 그러기 위해서는 소리 환경을 미적으로 전개함으로써 다양한 사람이 즐길 수 있도록 해야 한다. 교육과 관광에서 방문자에게 그 소리 풍경의 매개자는 지역 주민이 되어야 하고, 자연환경해설사는 곧 소리 해설사이기도 하다.

일본의 사운드스케이프 100선

일본 환경성은 1996년에 남기고 싶은 일본의 소리 풍경 100선을 지정했다. 국민을 대상으로 소리 풍경 공모를 하여, 지역의 상징과 미래에 남기고 싶은 소리 환경을 보전하고자 했다. 1997년부터 지금도 매년 소리 풍경 보전 전국대회를 개최하는가 하면, 주민들과 인증된 소리 풍경의 주변 환경을 정비하는 마을 만들기를 추진하고 있다.

소리 풍경은 자연환경뿐만 아니라, 문화와 지역의 산업을 담고 있다. 새소리와 곤충의 소리 등 동물의 소리, 강의 흐름과 바닷가 파도 등 자연의 소리, 축제와 산업 등 생활 문화의 소리이다. 오호츠크해의 유빙 소리, 요코하마 항구의 뱃고동 소리, 히로시마의 평화의 종소리, 아마구사의 돌고래 소리, 이마리의 도자기 풍경 소리, 후쿠오카의 일본에서 가장 오래된 범종 소리 등 다양하다.

후쿠시마현은 나름의 소리 풍경 백선을 선정하였다. 이렇게 선정된 소리 풍경을 좋은 소리 지도로 작성하여, 지역의 자연과 역사, 생활 등을 느끼게 하고, 이 소리 풍경들을 보존하고자 노력하고 있다. 바로 지역의 감성에 맞는 사운드스케이프를 배려하여 마을을 디자인하고 있다.

그림 7 일본의 소리 풍경 100선(일본 환경성의 남기고 싶은 일본음풍경 100선 발췌)

残したい"日本の音風景100選"

北海道 5ページ

オホーツク海沿岸	オホーツク海の流氷
札幌市	時計台の鐘
函館市	函館ハリストス正教会の鐘
東川町	大雪山旭岳の山の生き物
鶴居村	鶴居のタンチョウサンクチュアリ

東北 6～9ページ

青森県／八戸市	八戸港・蕪島のウミネコ
青森県／三沢市	小川原湖畔の野鳥
青森県／十和田市	奥入瀬の渓流
青森県／青森市、弘前市	ねぶた祭・ねぷたまつり
岩手県／大船渡市	碁石海岸・雷岩
岩手県／奥州市	水沢駅の南部風鈴
岩手県／滝沢村	チャグチャグ馬コの鈴の音
宮城県／仙台市	宮城野のスズムシ
宮城県／仙台市	広瀬川のカジカガエルと野鳥
宮城県／石巻市	北上川河口のヨシ原
宮城県／栗原市、登米市	伊豆沼・内沼のマガン
秋田県／能代市	風の松原
山形県／山形市	山寺の蝉
山形県／鶴岡市	松の勧進の法螺貝
山形県／酒田市	最上川河口の白鳥
福島県／福島市	福島市小鳥の森
福島県／下郷町	大内宿の自然用水
福島県／昭和村	からむし織のはた音

関東 9～11ページ

茨城県／北茨城市	五浦海岸の波音
栃木県／栃木市	太平山あじさい坂の雨蛙
群馬県／吉井町	水琴亭の水琴窟
埼玉県／川越市	川越の時の鐘
埼玉県／江南町	荒川・押切の虫の声
千葉県／佐原市	樋橋の落水
千葉県／大多喜町	麻綿原のヒメハルゼミ
千葉県／松戸市 東京都／葛飾区	柴又帝釈天界隈と矢切の渡し
東京都／台東区	上野のお山の時の鐘
東京都／練馬区	三宝寺池の鳥と水と樹々の音
東京都／武蔵野市	成蹊学園ケヤキ並木
神奈川県／横浜市	横浜港新年を迎える船の汽笛
神奈川県／川崎市	川崎大師の参道
神奈川県／相模原市	道保川公園のせせらぎと野鳥の声

甲信越 12～13ページ

新潟県／新潟市	福島潟のヒシクイ
新潟県／糸魚川市	尾山のヒメハルゼミ
山梨県／富士河口湖町	富士山麓・西湖畔の野鳥の森
長野県／長野市	善光寺の鐘
長野県／岡谷市、塩尻市	塩嶺の小鳥のさえずり
長野県／下諏訪町、諏訪市	八島湿原の蛙鳴

北陸 13～14ページ

富山県／立山町	称名滝
富山県／富山市	エンナカの水音とおわら風の盆
富山県／南砺市	井波の木彫りの音
石川県／金沢市	本多の森の蝉時雨
石川県／金沢市	寺町寺院群の鐘
福井県／越前市	蓑脇の時水

東海 14～15ページ

岐阜県／美濃市	卯建の町の水琴窟
岐阜県／郡上市	吉田川の川遊び
岐阜県／岐阜市、関市	長良川の鵜飼
静岡県／遠州灘	遠州灘の海鳴・波小僧
静岡県／川根本町	大井川鉄道のSL
愛知県／名古屋市	東山植物園の野鳥
愛知県／田原市	伊良湖岬恋路ヶ浜の潮騒
三重県／鳥羽市、志摩市	伊勢志摩の海女の磯笛

近畿 16～18ページ

滋賀県／大津市	三井の晩鐘
滋賀県／彦根市	彦根城の時報鐘と虫の音
京都府／京都市	京の竹林
京都府／南丹町	るり渓
京都府／網野町	琴引浜の鳴き砂
大阪府／大阪市	淀川河川敷のマツムシ
大阪府／八尾市	常光寺境内の河内音頭
兵庫県／神戸市	垂水漁港のイカナゴ漁
兵庫県／姫路市	灘のけんか祭りのだんじり太鼓
奈良県／奈良市	春日野の鹿と諸寺の鐘
和歌山県／橋本市	不動山の巨石で聞こえる紀の川
和歌山県／那智勝浦町	那智の滝

中国 18～19ページ

鳥取県／米子市	水鳥公園の渡り鳥
鳥取県／三朝町	三徳川のせせらぎとカジカガエル
鳥取県／鳥取市青谷町、鳥取市佐治町	因州和紙の紙すき
島根県／大田市	琴ヶ浜海岸の鳴き砂
岡山県／真庭市	諏訪洞・備中川のせせらぎと水車
岡山県／新庄村	新庄宿の小川
広島県／広島市	広島の平和の鐘
広島県／尾道市	千光寺驚音楼の鐘
山口県／山口市 島根県／津和野町間	山口線のSL

四国 20～21ページ

徳島県／鳴門市	鳴門の渦潮
徳島県／徳島市ほか	阿波踊り
香川県／さぬき市	大窪寺の鐘とお遍路さんの鈴
香川県／満濃町	満濃池のゆるぬきとせせらぎ
愛媛県／松山市	道後温泉振鷺閣の刻太鼓
高知県／室戸市	室戸岬・御厨人窟の波音

九州・沖縄 21～23ページ

福岡県／福岡市	博多祇園山笠の舁き山笠
福岡県／太宰府市	観世音寺の鐘
福岡県／北九州市 山口県／下関市	関門海峡の潮騒と汽笛
佐賀県／唐津市	唐津くんちの曳山囃子
佐賀県／伊万里市	伊万里の焼物の音
長崎県／長崎市	山王神社被爆の楠の木
熊本県／山都町	通潤橋の放水
熊本県／五和町	五和の海のイルカ
大分県／日田市	小鹿田皿山の唐臼
大分県／竹田市	岡城跡の松籟
宮崎県／小林市	三之宮峡の櫓の轟
宮崎県／えびの市	えびの高原の野生鹿
鹿児島県／出水市	出水のツル
鹿児島県／屋久町	千頭川の渓流とトロッコ
沖縄県／竹富町	後良川周辺の亜熱帯林の生き物
沖縄県／うるま市	エイサー

音源種別にみた件数分類

音源種別	選定数
生き物	31
鳥の声	12
昆虫の声	7
カエルの声	2
その他の動物	2
植物	5
これらの複合	3
自然現象	19
川、滝など陸水の音	10
波など海の音	9
その他の自然現象	0
これらの複合	0

音源種別	選定数
生活文化	37
祭りなど行事の音	9
鐘など信号的な音	10
産業・交通の音	11
その他の生活文化	6
これらの複合	1
上記の複合音	12
その他（静けさ、分類不可能）	1
合計	100

4

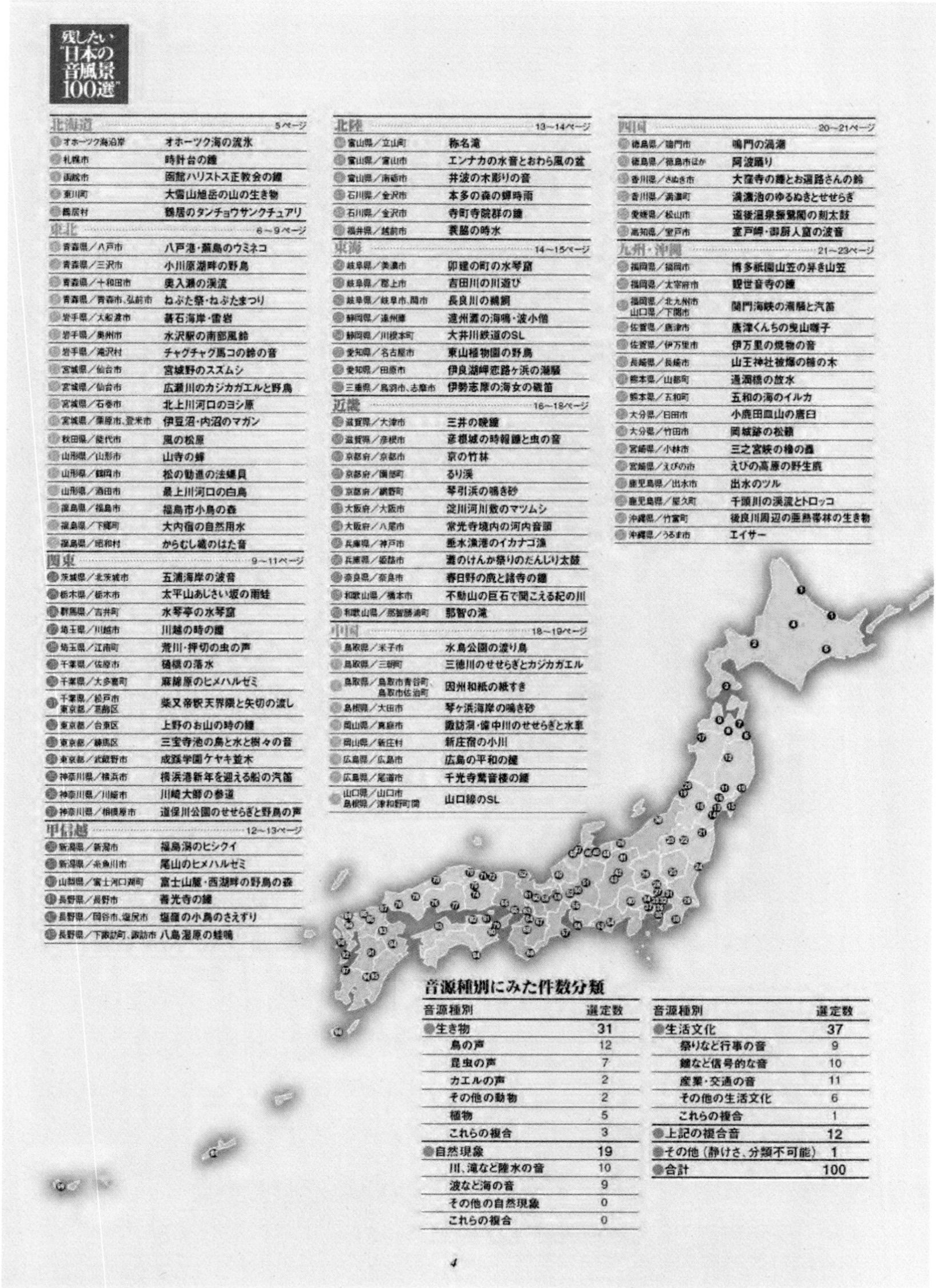

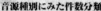

규슈 사가현 이마리 도자기 마을의 음 풍경

일본 도자기로 유명한 아리타 도자기는 이마리항에서 유래가 되었다. 메이지유신 이후 배를 이용한 해상교통에서 철도 등 육상교통으로 이동하며 아리타 지역과 이마리 지역 제품에 구별이 되기 시작했다. 여전히 이마리는 일본 국내에서 유일하게 장기간 도자기 생산을 계속하고 있는 곳이다. 이마리는 특히 조선에서 끌려간 이삼평 도공을 위주로 해 조선인 무연고 도공의 묘가 500여 기 모셔진 곳이기도 하다.

이마리 도자기 마을은 이마리강으로 들어오는 지천의 최상류 계곡에 있다. 일본으로 끌려간 도공들은 척박한 돌산에서 도자기를 만들어야 했다. 돌가루를 빻아 점토를 만들어야 했는데, 산에서 내려오는 계곡물을 이용해 물레방아를 돌려 돌을 분쇄하여 가루를 만들었다.

계곡을 따라 난 마을로 들어가기 위해서는 도자기 파편 타일을 붙인 다리를 건너야 한다. 이 마을은 8월에 도자기 축제를 하는데, 집집마다 2미터 간격으로 지붕에 풍경을 걸어놓아, 바람에 흔들리는 풍경 소리를 들을 수 있다. 돌가루로 만든 풍경 소리는 계곡을 따라 이어진 집집마다 처마에서 울리는데, 하나의 음률과 같다.

이런 풍경 소리를 축제 때가 아니어도 들을 수 있는 장치가 있다. 바로 사운드스케이프 체험이다. 잘게 부서진 도자기 파편을 바닥에 깔아, 걸으면서 도자기 밟는 소리를 느낄 수 있다. 하천에 놓인 다리를 건널 때, 감지기가 사람의 이동을 감지한다. 다리를 건너자마자 커다란 도자기 풍경들이 일정한 음을 연주한다. 전기장치로 풍경을 타종해 소리를 내는데, 도자기 풍경의 두께와 크기에 따라 서로 다른 음을 낸다. 이곳에는 물레방아 세 개가 있는데, 계곡물에 수로를 내어 세 개의 물레방아로 물이 나뉘어 흘러들어오도록 설계했다. 각각의 수차에 물이 차면 물을 쏟아내고 동시에 방아를 찧는데 쿵~ 소리가 절묘하다. 방아에서 분쇄한 하얀 돌가루는 바로 도자기의 원료로 이마리 도자기가 돌가루를 빻아 만들고 있음을 나타내고 있다. 한쪽에는 경주의 포석정과 같이 시냇물을 끌어들여 수로를 통해 흐르게 했다. 그 물이 다시 시냇물로 떨어지도록 하는 곳에 두 개의 나무 걸상을 놓았다. 의자에 앉아 물소리를 감상하도록 한 것이다. 이 의자에 앉아 물이 떨어지는 소리, 물레방아에서 물 쏟아지는 소리, 물레방아 찧는 소리 그리고 다리를 건너올 때 감지기를 통해 아리타 도자기 풍경이 울리는 소리를 동시에 감상하도록 했다.

이 장치들은 아리타 도자기의 제작과정과 소리를 한꺼번에 알게 함과 동시에, 아리타 지역의 지형 지질의 특성을 그대로 반영하는 역사와 문화, 예술의 결정체라고 할 수 있다. 이마리 사운드스케

더 자연스러운 자연해설: 자연의 언어는 자연해설사를 통해 의미가 된다

이프 디자인은 소리 자체보다는 그 소리를 포함한 소리 풍경을 디자인했다는 데 의미가 있다.

이마리 사운드스케이프는 교육, 관광, 생태지리, 오감, 건축, 음향학, 예술 음악에 이르기까지 폭넓은 분야를 관장한다고 볼 수 있다.

표1 일본 규슈 사가현 이마리 도자기 마을의 사운드스케이프

환경부 소리 100선

환경부는 2001년에 한국의 아름다운 소리 100선을 선정했다. 이들 소리는 총 4개의 영역으로 나뉘는데, 사계절(봄, 여름, 가을, 겨울), 향토(고향, 어촌, 일터), 추억(울림·일깨움, 삶의 소리, 향수), 생명(새, 풀 속, 물가, 강·바다)을 주제로 하였다.

환경부가 선정한 소리 100선은 소리에 국한한 것으로, 사운드스케이프와는 근본적으로 차이가 있다. 소리가 생성되는 곳의 장소성은 중요하게 반영하지 않았다. 계절적 자연현상에서 비롯된 소리, 우리나라에 서식하는 생물 종의 소리, 일터의 현장에서 나는 소리는 1년 중 그 계절이면 언제든 들을 수 있는 소리이다. 소리가 갖는 희소가치보다는 소리의 감성 가치에 중점을 두었다. 고향, 삶, 추억을 주제로 한 소리는 실제 들리지 않는 기억의 소리로, 어떤 특정한 경험과 연관되어 연상되는 소리이다.

환경부가 선정한 아름다운 소리 100선은 선정에 그쳤을 뿐, 이후로 교육, 문화관광, 예술, 도시재생 등 다양한 분야에서 활용되지 않고 있다. 당연히 소리의 보존과 관리에 정책적 의지를 찾기 어렵다.

소리의 재생은 산업화와 지역발전이 최우선시되는 우리 사회의 시대적 특수성과 무관하지 않다. 특히 생명을 주제로 한 소리는 생물 종들의 소리로 이루어졌는데, 이들 소리는 서식지와 밀접한 관련이 있어서, 개발과 보존이라는 상충하는 이슈를 비집고 들어갈 틈이 없다. 양서류의 소리는 습지의 보존과 밀접하고, 강과 바다의 생물 소리는 방조제나 하굿둑과 밀접한 이유이다.

울림을 주는 소리로 아름다운 소리에 선정된 에밀레종 소리가 있다. 성덕대왕신종이라고도 하는 에밀레종은 현재 국립경주박물관 야외마당에 전시되어 있다. 에밀레종은 종을 칠 때 나는 소리가 마치 아이가 엄마를 부르는 소리와 같다고 하여 붙여진 이름이다. 이름의 유래처럼 에밀레종 소리는 신비스러운 소리로 이미지화되어 있다. 그러나 에밀레종은 본체의 안전성과 유물로서의 보존 가치를 위해 2003년 타종을 멈추었다. 이제는 미디어 매체를 통해서나 소리를 들을 수 있을 뿐, 현존하지 않는 아름다운 소리가 되어버렸다. 종소리가 나지 않는 종이 된 것이다.

일본의 소리 풍경 100선 가운데, 사가현에 있는 관음사 범종이 있다. 7세기 말에 만들어진 이 범종은 일본에서 가장 큰 종으로 일본문화유산이기도 하다. 이 종은 매월 18일 오후 1시에만

더 자연스러운 자연해설: 자연의 언어는 자연해설사를 통해 의미가 된다

그림 12 빨래터에만 들을 수 있는 고유의 소리(대전 서구 용촌동)

타종을 한다. 타종 시기를 특정한 날과 시간으로 규정함으로 해, 소리의 희소성이 범종의 소리를 더 가치 있게 했다. 더욱이 소리 풍경 100선의 지정으로 범종의 소리를 듣기 위한 소리 여행이 관광 콘텐츠가 된 것이다.

소리의 보존은 곧 장소의 보존이고 공동체의 존속과 관계가 있다. 산업화와 도시화로 인해 민속과 풍습은 현대화에 자리를 내어주었고, 자연은 개발되어 서식처는 사라졌다. 지금이라도 한국의 아름다운 소리를 그 소리의 풍경과 함께 재선정함은 어떨까? 누가 아는가, 소리 풍경을 통해 잊었던 우리의 정서를 회복할 수 있을지, 도시재생과 마을 만들기에 활력을 주는 아이디어가 될지, 생물 서식처 마련이 전제된 종 복원사업에 교두보가 될지 말이다.

표2 환경부 한국의 아름다운 소리 100선(2001년 선정)

사계			향토		
봄	1	고드름 낙수 소리	고향	22	할아버지 잔기침 소리
	2	얼음장 밑에 물 흐르는 소리		23	달집 태우는 소리
	3	동굴 낙수 소리		24	소 울음소리
여름	4	여름 폭포 소리		25	소여물 먹는 소리
	5	몽돌 파도에 휩쓸리는 소리		26	가마솥 끓는 소리
	6	대나무 부딪히는 소리		27	우시장 소 울음소리
	7	천둥소리		28	장닭 우는 소리
	8	장마 비바람 소리		29	시골 장터 소리
	9	우박 떨어지는 소리		30	죽타기로 벼 터는 소리
	10	가시연꽃밭의 폭우 소리	어촌	31	어시장 경매 소리
	11	불어난 계곡물 소리		32	오징어 물 뿜는 소리
가을	12	벼 이삭 부딪히는 소리		33	숭어잡이 소리
	13	낙엽 지는 소리		34	재첩 캐는 소리
	14	싸리비로 낙엽 쓰는 소리		35	꼬막 잡는 소리
	15	낙엽 밟는 소리		36	해녀 숨비소리
	16	바람에 낙엽 구르는 소리		37	연평도 풍어제 소리
가을	17	억새 부딪히는 소리	일터	38	논두렁 태우는 소리
	18	갈대 부딪히는 소리		39	모내기하는 소리
겨울	19	눈보라		40	밭 가는 소리
	20	설피 신고 눈 밟는 소리		41	산나물 캐는 소리
	21	겨울 얼음장 깨지는 소리		42	베틀 짜는 소리
				43	탈곡기로 탈곡하는 소리
				44	키질하는 소리
				45	콩 도리깨질 소리
				46	콩깍지 타는 소리
				47	맷돌 가는 소리
				48	절구 찧는 소리
				49	떡 치는 소리

추억			생명		
울림	50	에밀레종 소리	새	72	괭이갈매기 우는 소리
	51	보신각종 소리		73	가창오리 군무 소리
	52	가을바람에 풍경 우는 소리		74	둥지 떠난 새끼제비들 소리
	53	법고 소리		75	딱따구리 구멍 파는 소리
	54	목어 소리		76	보리밭 종달새 우는 소리
	55	운판 소리		77	백로 새끼 키우는 소리
	56	범종 소리		78	소쩍새 우는 소리

더 자연스러운 자연해설: 자연의 언어는 자연해설사를 통해 의미가 된다

울림	57	성당 종소리		79	둥지 떠난 꾀꼬리 새끼가 어미 찾는 소리
삶의 소리	58	학교 종소리		80	삼광조 새끼 키우는 소리
	59	풍금 소리		81	큰유리새 우는 소리
	60	아이들 전통놀이 소리	새	82	붉은배새매 새끼 키우는 소리
	61	가을 운동회 소리		83	파랑새 새끼 키우는 소리
향수	62	대장간 소리		84	겨울 들판 두루미 구애 소리
	63	참숯 익는 소리		85	참매미 짝 찾는 소리
	64	노 젓는 소리		86	쓰름매미 우는 소리
	65	개울가 빨래 소리		87	애매미 우는 소리
	66	염전 수차 소리		88	왕쇠똥구리 경단 굴리는 소리
	67	통방아 소리		89	토종벌 일하는 소리
	68	물레방아 소리	풀숲	90	귀뚜라미 짝 찾는 소리
	69	디딜방아 소리		91	여치 우는 소리
	70	다듬이질 소리		92	방울벌레 노랫소리
향수	71	마지막 비둘기호 정선선		93	베짱이 우는 소리
			풀숲	94	긴 꼬리 우는 소리
				95	누에 뽕잎 갉아 먹는 소리
				96	개구리 울음소리
			물가	97	두꺼비 울음소리
				98	맹꽁이 울음소리
			강	99	섬진강 동자개 우는 소리
			바다	100	남대천 연어 올라오는 소리

소리 여행하기

우리 주변은 소리로 넘쳐난다. 소리는 우리가 느끼는 여부에 상관없이 항상 우리의 주위를 둘러싸고 있다. 그 장소에서밖에 들을 수 없는 소리, 그 지역의 특성을 배경으로 한 소리에 주목하자. 소리 듣기라는 경험은 소리 자체뿐 아니라, 눈으로 보는 풍경과 함께 느끼는 것, 청각과 시각의 체험이라고 할 수 있다.

관광은 오감을 총동원하는 체험이지만, 실은 볼거리와 먹을거리가 관광의 주류를 이룬다. 물론 소리 즉 청각에만 의식을 집중하는 여행은 한계가 있다. 소리를 주제로 한 여행은 늘 긴장하기 때문에 몸 전체가 피곤할 수밖에 없다. 따라서 소리를 주제로 한 여행의 자세는 소리에 구애

받지 않은 범위 내에서 이루어져야 한다. 그러다가 우연히 아주 멋진 소리와 만난다면, 그것으로 충분하다.

체험형 관광에서 지자체와 주민은 관광지의 청각 자원을 정비하는 방향성을 제시하되, 다른 관광을 하면서 소리 여행이 일부분이 될 수 있도록 한다. 소리의 즐거움을 발견한 사람이 모이면 마을과 거리의 소리도 점차 변해갈 것이다. 여기에 소리를 안내하는 해설사가 있다면 얼마나 멋진 소리여행이 되겠는가.

소리 교육

소리를 안내하기 위해서는 해설사가 소리에 관해 관심을 가져야 한다. 우선 자연 속에서 귀를 편안하게 하는 것, 이것이 소리 디자인의 첫 걸음이다. 소리에 의식을 집중시키는 것이 아니라, 우연히 소리와 만나는 것이다. 들리는 소리에 뭔가의 의미를 전하는 정보로 듣는 것이 아니라, 소리의 울림 자체를 느껴보자. 그리고 소리를 더 효과적으로 안내하고자 한다면 소리 교육에 참여해 보자. 소리 교육을 하는 목적은 주변의 소리 환경자원을 발견하고 그것을 인식할 수 있기 때문이다. 소리 교육을 통해, 소리 콘텐츠를 작성하여, 소리 자원을 해설에서 주제화할 수 있다.

그간 소리에 익숙하지 않았다면 소리에 민감하고 예민하게 반응하는 학습을 하자. 주변의 소리가 섞여 소음으로 단정했다면, 이제는 소음을 이룬 소리를 각각 분해하자. 그렇게 되면 큰 소리에 파묻혀 들리지 않던 소리와 어떤 소리가 좋은 소리를 방해하고 있는지 구분할 수 있다. 자, 소리에 익숙해지기 위한 작업을 시작하자.

○ 신체를 편안하게 소리를 듣는다.

○ 음의 울림 자체를 즐겨보자.

○ 벨의 울림을 체험하고 눈으로 보고 소리의 울림을 예측해보자.

○ 시각에만 의지하지 않고 오감 전체로 환경을 느껴보자.

○ 방울을 사용하여 소리와 풍경을 시적으로 말해보자.

○ 주변 소리의 상태를 느껴보자.

○ 음에서 멀고 가까운 공간감을 따져보자.

○ 소리를 말로 나타내보자.

○ 소리를 분류해보자.

다음은 북한산생태탐방연수원에서 자연환경해설사를 대상으로 한 소리 교육의 예이다. 여기 소개하는 방법은 절대적인 것은 아니며, 누구나 직접 응용하여 활용할 수 있다.

첫째, 실내에서의 이어 클리닝 1단계

소리를 인식하는 단계이다. 주변에 어떤 소리가 있는지, 가까운 소리와 먼 소리를 구분할 수 있다.

○ 눈을 감고 1분 동안 주변의 소리에 귀를 기울인다. 들리는 소리대로 하나씩 목록에 적어 나간다.

○ 1분이 지나면 소리 리스트를 확인한다.

○ 공통으로 들은 소리 외에도 어떤 소리가 있었던지 서로 확인한다.

○ 다시 눈을 감고 1분간 소리 듣기를 한다.

○ 나는 듣지 못했으나 남이 들었다고 한 소리를 듣는다. 먼 소리와 가까운 소리를 확인한다.

그림 13 북한산 우이령길에서 야외 이어 클리닝

둘째, 실내에서의 이어 클리닝 2단계

민감하고 예민하게 소리에 반응하는 훈련 단계다. 주변에 들리는 소리를 포함해, 직접 소리 연출을 한다. 소리에 대한 인식을 어떻게 어느 정도 하고 있는지 알 수 있다.

○ 모둠을 짓는다. 소리를 내는 모둠 하나. 이외의 모둠은 눈을 감고 청각에 집중하는 듣기 모둠이 된다. 소리를 내는 모둠원은 연필을 굴리거나, 물을 마시거나, 걸어 다니거나, 기 침하거나 다양한 소리를 만든다. 소리가 겹쳐도 되고, 크거나 작아도 된다. 소리를 연출하 면서 소리를 리스트에 적어놓는다. 이때 너무 많은 소리가 나지 않도록 한 사람이 두 가지 소리만 내는 것으로 제한한다. 시간은 2분이며, 최대 10분은 넘지 않도록 한다.

○ 듣기 모둠이 모두 눈을 뜬다. 듣기 모둠은 어떤 소리가 들렸는지 말한다.

셋째, 실외 이어 클리닝

야외에서 이루어지는 소리훈련이다. 학교, 공원, 숲속 등 장소에 따라 다른 소리를 확인한다. 펜과 종이를 준비하여 들은 소리를 목록화한다.

○ 10분간 느낀 가까운 소리와 먼 소리를 구분한다.

○ 10분간 느낀 소리의 리스트를 작성한다.

○ 어떤 소리가 났는지 서로 이야기해본다.

○ 제일 먼저 인식되는 소리는 무엇인가?

○ 두드러진 특징을 가진 소리가 있는가?

넷째, 소리 지도 그리기 1단계

소리 지도를 그리는 목적은 소리에 대한 풍부한 감성을 기르고, 환경자원을 기록하는 특별한 기술을 익히기 위함이다. 소리 듣기에 대한 훈련이 충분히 되었다면 소리가 어떤 방향에서 어 떤 크기로 들리며, 어떤 소리로 들리는지, 나만의 표기로 기록할 수 있다. 이때, 자신이 대상에 느끼는 정서적 의미를 형용사, 의성어로 나타낼 수 있다. 소리에 이름을 붙일 때, 자신이 알고 있는 새, 물, 바람 등 음원의 명칭을 그대로 표현하는 것은 쉽지만, 새소리의 경우 새의 이름을 알지 못하면 정확하게 표기하기 어렵다. 그러나 음원의 이름을 모를 때, 지금까지 자신의 경험 에 기반해 이름을 붙이는 방법이 있다. 소리는 장소의 분위기를 만들고 있는 소리이기 때문에, 소리의 이름은 관찰자가 쌓아온 경험과 지식이 총동원될 수밖에 없다.

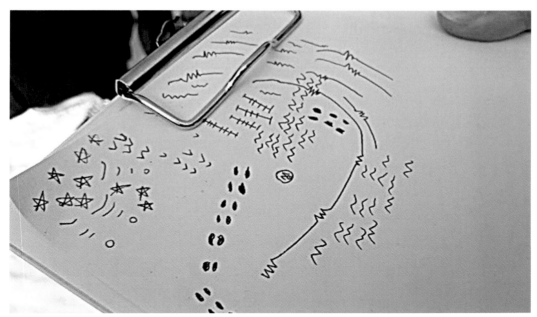

그림 14 나만의 소리 지도

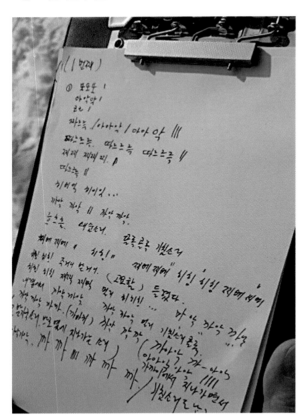

그림 15 나만의 소리 지도

모호한 소리를 표현하고 싶다면, 자신의 감성을 사용해 이름을 창조할 수 있다. 검은등뻐꾸기의 소리를 들을 경우, "홀·딱·벗·고"라고 표현하듯 말이다. 소리의 이름을 자유롭게 표현하는 과정에 소리의 감성 폭을 넓힐 수 있다.

이외 기호나 선, 그림 등의 기법으로 나타낼 수 있다.

○ 다른 사람과 거리를 두고 걷는다.

○ 발소리를 내지 않는다.

○ 어떤 개입도 없이 귀의 상태를 예민하게 유지하며 걷는다.

○ 일정한 장소에 서서 소리 지도를 그린다.

○ 참여자 모두 둥글게 서서 각자의 소리 리스트를 옆으로 돌려본다. 남이 어떤 방식으로 소리 지도를 그리는지 확인한다.

○ 다시 한번 10분간 흩어져서 소리 듣기를 한다.

○ 둥글게 서서 소리 지도를 돌려본다.

○ 처음 보았던 타인의 소리 지도에 참고하여 훨씬 변화된 소리 지도의 종류를 확인할 수 있다.

다섯 번째, 소리 지도 그리기 2단계

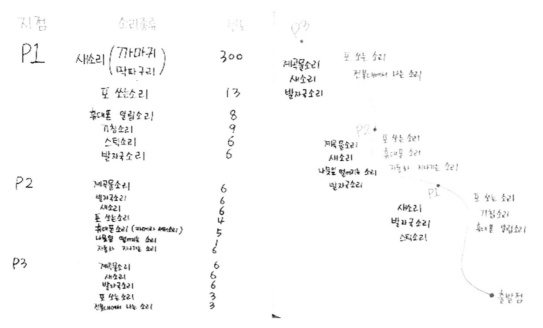

그림 16 소리 리스트와 소리 지도

더 자연스러운 자연해설: 자연의 언어는 자연해설사를 통해 의미가 된다

실내에서 하는 활동이다. 필드에서 경험한 소리를 환경 자원화할 수 있도록 모둠별로 소리 리스트를 종합한다. 지점에서 나는 소리를 표기하되, 표기와 기술방법을 토론을 통해 통일한다.

○ 우이령을 걸으며 세 지점(P1, P2, P3)에서 들리는 소리의 종류와 빈도에 대한 소리 리스트를 작성하고 소리 지도를 그린다.

여섯 번째, 소리 풍경 디자인하기

사운드스케이프 활동의 최종 목표는 사운드스케이프 디자인을 구축하기 위함이다. 어떤 소리를 남기고, 어떤 소리를 줄이고, 어떤 소리를 증가시킬 것인지를 명백하게 하는 것이다.

○ 소리의 종류와 빈도, 위치 등을 지도로 그리되, 좋은 소리와 방해하는 소리도 함께 표기한다.

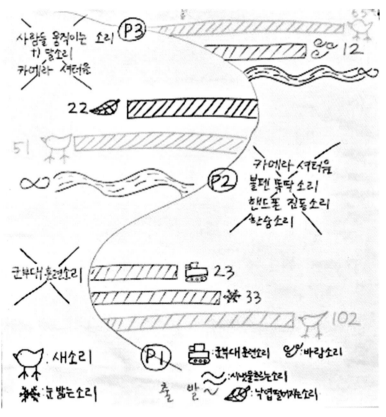

그림 17 북한산 우이령길 교원탐방지원센터에서 출발

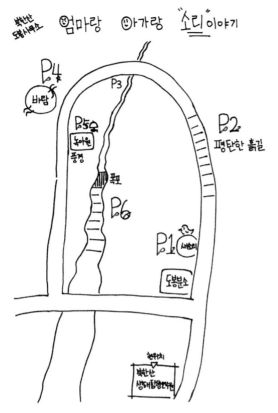

그림 18 임산부 대상 사운드스케이프 프로그램 기획

일곱 번째, 사운드스케이프를 활용하여 프로그램 기획하기

워크숍에 참여한 자연환경해설사의 활동 지역에서 소리 환경자원을 활용하여 해설 프로그램을 기획한다.

다음은 북한산국립공원 도봉탐방지원센터의 해설사 선생님들이 기획한 발표 사례이다.

○ 제목 : 엄마랑 아가랑 소리 이야기
○ 대상 : 임산부
○ 주요 내용 : 탐방소에서 본 활동계획과 안전사항을 주지한 후, 도봉분소에서 출발한다. 구간을 걸으면서 총 6개의 지점에서 소리 듣기를 한다.

P1 참나무군락이 잘 발달한 곳으로 숲길 그늘을 걸으며 새소리 듣기를 한다.

P2 평탄한 흙길로 맨발로 촉감을 즐기면서 촉감에 집중한다.

P3 물이 내려오는 곳으로, 소리 나팔을 이용해 물이 흐르는 소리를 더 크게 듣는다.

P4 지대가 높아 공기의 흐름을 맛볼 수 있다. 나뭇잎이 흔들리거나 부딪히는 소리를 통해 바람 소리를 듣는다.

P5 녹야원 정자에 앉는다. 물소리 새소리 바람 소리 동물의 소리를 듣는다.

P6 폭포에 닿아 경쾌한 물소리를 듣는다. 폭포 가까이 다가가 음이온과 접촉한다. 소리가 어떻게 느껴지는지 표현을 한다.

북한산생태탐방연수원에서 적용한 소리 교육 외에도 小松 正史가 みんなでできる音のデザイン(ナカニシヤ出版)에서 제안한 다양한 소리 교육이 있다.

더 자연스러운 자연해설: 자연의 언어는 자연해설사를 통해 의미가 된다

소리를 그냥 듣는 것이 아니라, 소리의 의미와 상태를 인식하기. 소리의 거리와 위치와 같은 공간감 느끼기, 의식을 집중하여 자신이 내는 소리 알기, 들리는 소리를 골라 다른 소리와 구별하여 기록하기, 소리를 말로 표현하기, 소리 녹음하기 등을 포함하는 다음과 같은 소리 교육을 소개한다.

첫째, 소리로 오감을 활성화하여 연상하기

소리를 신체의 움직임으로 표현하는 것이다. 이는 혼자 하는 것보다는 그룹으로 실천하면 더 효과가 높다. 신체를 사용하는 것에 부끄러워하지 않고 당당하게, 마음껏 몸을 움직인다. 여유가 있는 공간에서 참가자 전원이 전신 운동을 하듯 맨발로 하면 효과적이다.

- ○ 2명 이상, 편한 복장, 맨발이 가능한 공간, 준비물은 MP3 음원, 악기(음원과 악기는 참가자가 각각 좋아하는 것으로)
- ○ 먼저 리듬에 맞춰 호흡한다. 이때 지도자가 소리를 즐기면서 신체 동작에 몰두해야 참가자가 동기가 높아진다.
- ○ 소리와 호흡을 맞추는 것에 익숙해지면 몸을 좌우로 스윙시킨다.
- ○ 소리의 높낮이에 맞게 손을 나비처럼 위아래로 움직이거나, 서거나 앉는다.
- ○ 음색과 곡의 명암에 따라 감정을 실은 억양을 표현한다.
- ○ 악기가 있다면, 참가자 모두의 움직임을 관찰하면서 소리를 낸다. 악기는 탬버린, 캐스터네츠, 트라이앵글 등으로 소리를 낸다.
- ○ 적극적으로 몸을 움직이거나, 직접 소리를 내어볼 수 있다. 직접 소리를 내는 것은 손뼉을 치거나 손을 몸과 부딪치거나 문지르며 소리를 낸다.
- ○ 리듬을 타면서 손을 잡고 웨이브를 만든다. 소리의 크기에 맞춰 움직이는 방법에 변화를 달아보자.
- ○ 만일 연주자가 있는 경우, 참가자의 신체 동작에 맞춰 소리를 낸다. 연주와 참가자 사이에 기분 좋은 일체감이 형성되도록 한다.
- ○ 어떤 소리, 어떤 음원을 사용하면 신체 동작이 쉬운지 이야기해본다.
- ○ 소리를 듣고 몸을 움직일 때, 어렵다고 느낀 점이 무엇인가 이야기해본다.

둘째, 소리에서 색과 그림으로 느끼기

특정한 소리에 특정한 색을 부여하는 것은 무엇이 있을까? 음색과 색상의 관계를 느끼는 것은 사람마다 차이가 있지만, 일반적인 공통성은 음색이 깊을수록 색상이 어두워지고, 높은 소리에 밝은 색상이 떠오른다. 이처럼 청각부호를 받아들일 때 시감각을 동시에 경험하는 것을 공감각이라고 하는데, C 음정은 빨간색처럼, 이를 채색된 청각이라 부른다. 공감각은 어른이 될수록 적어지는데, 유아의 경우 소리를 듣고 선과 색으로 표현해내는 창의력은 매우 높다. 이 방법은 우리가 잠재적으로 가진 공감각에 가까운 능력을 소리를 들으며 끄집어내는 훈련이다.

- 준비물은 좋아하는 음원과 음향기기, 색연필 등 필기구, 도화지, 여러 명이 할 경우엔 화이트보드와 전지.
- 좋아하는 음원을 눈을 감고 듣는다.
- 1분 후 시각적 이미지가 연상되면 종이에 그린다. 지도자가 솔선하여 그리기 시작한다.
- 색상을 사용해도 되고 하지 않아도 된다. 그러나 색상을 사용하면 디자인의 구체적인 이미지가 구현된다.
- 곡을 계속 연주해도 무리는 없다.
- 몇 곡 다른 곡을 연주하여 작업을 계속한다.
- 완성된 그림을 나누어 본다.
- 각자 알고 있는 음악 장르에 대해 각각의 소리 색을 말해보자(클래식, 트로트, 판소리, 동요 등).
- 좋아하는 음원을 들으면서, 자유롭게 그림을 그려본다.

셋째, 소리의 기억 더듬기

이 방법은 기억 속의 소리와 소리의 이미지를 기억하는 것을 목적으로 한다. 앞에서 소리는 실제 소리와 실제 들리지 않는 기억의 소리가 있음을 주지했다. 어떤 특정한 경험과 연관되어 연상되는 소리, 구체적인 사람이나 풍경을 떠올리며 기억 속의 소리를 접해본다. 소리가 현실에 영향을 주고 있지 않아도, 머릿속에서 재현해내도록 한다. 시각적 기억보다 소리의 기억을 불러내기는 쉽지 않지만, 익숙해지면 사람마다 개인 사운드가 생성되며 이는 소리의 울림을 상상하는 기초 작업이다.

- 혼자 또는 여럿이, 준비물은 필기도구.
- 당신의 직계 가족이나 친구를 대상으로 선택하고, 그 사람을 떠올리며 그 사람이 내는 소

리를 상상해 본다.

○ 어떤 소리인지 자세히 구체적으로 기억한다.

○ 그 사람의 개성을 표현하는 색채도 선택한다.

○ 쓰기 작업을 통해 대상자의 이름, 별명, 나와의 관계, 어떤 소리를 기억했는지 구체적으로 쓴다.

○ 그 소리는 구체적으로 어떤 상황이었나?

○ 대상자를 색에 비유한다면?

넷째, 내면의 소리 기억하기

본인의 유년 시절의 소리를 기억하는 것으로, 자신에게 기분 좋은 소리 기억의 근원은 무엇인지 알고자 하는 것을 목적으로 한다. 이는 소리 디자인이 가고자 하는 방향성을 결정하는 기초 작업이다.

○ 혼자 또는 여럿이 조용하고 아늑한 공간이 필요하다.

○ 유년의 기억을 기억하기 위해 마음을 느긋하게 한다.

○ 유년에 느낀 소리의 분위기를 오감의 기억을 바탕으로 생각해본다.

○ 인상 깊은 일이 생기면 그에 따른 소리를 기억한다.

○ 그 소리는 어떤 것이 어떤 느낌으로 마음에 남아있는가?

○ 참가자 전원이 태어난 때의 소리 기억을 나눈다.

○ 쓰기 작업을 통해, 태어났을 때의 소리로 기억에 남아있는 것은 무엇인가?

○ 그 소리와 관련된 추억을 쓴다.

○ 그 소리에 대해 나는 어떤 인상을 받고 있는가?

○ 다른 사람의 유년의 소리 기억에 비해 어떠한가?

위의 모든 방법은 가급적 좋은 날씨에 햇빛이 풍경에 깊은 인상을 주는 아침이나 오후 등의 시간대가 좋다. 맨발 활동이라면 안전이 충분히 확보된 넓은 공간, 눈을 감고도 양지, 햇빛, 바람이 느껴지는 공간을 정한다. 쓰기 작업을 하는 이유는 목록을 작성하는 것이 목적이 아닌, 소리를 듣는 것과 소리 듣기가 재미있어지도록 하는 것이 목적이다. 감상을 나눌 때는 경쟁이 아니며, 실수나 오답이 아닌 소리를 듣는 이들의 다양성을 인정한다.

참가자가 과거에 방문한 해설이 있는 장소가 좋은 추억으로 남아있다면, 기억에 남아있는 자연해설 속의 모든 소리 정보는 실제 소리보다 더 과장된 울림으로 정착이 된다. 즉 해설사의 목소리도 실제보다 밝고 선명하게 정착될 가능성이 있다.

방문자에게 소리는 기억과 이미지로 남는다. 해설사는 본인의 경험을 통해 쌓인 소리의 기억과 소리의 인상에 대한 분위기를 살려, 참가자로 하여금 소리의 세계로 이끌어내도록 한다.

이제 정확한 소리 정보를 담기 위한 필드레코딩을 하자. 자연에서 채록된 동식물의 소리, 자연의 소리 등 야외에서 녹음된 환경음은 교육과 휴식, 치유 등 일상생활에 일반적으로 유효하게 쓰이고 있다. 이러한 소리는 듣는 이에게 저마다 다양한 기억과 감정을 불러일으키기 때문이다.

필드레코딩은 꼭 전문가의 몫이 아니다. 지금은 누구나 쉽게 스마트폰으로 자연의 소리뿐만 아니라 일상생활의 소리까지 양질의 영상과 음원을 확보할 수 있다. 첫째로 녹음이 일상적이어야 하고, 습관적이어야 한다. 둘째로 대상의 소리가 좋은 상태에서 녹음될 수 있는 마이크의 위치와 타이밍을 점차 찾아가도록 한다. 셋째, 녹음된 소리는 날짜, 장소, 제목 등 명확하게 정리하고 편집하여 데이터화한다. 해설자원의 생산자로서 시대의 환경음을 다음 세대에게 전수하고 있으니 이 어찌 멋진 일이 아닌가.